生命科学系列丛书

丛枝菌根共生体对除草剂胁迫响应机制

范晓旭　著

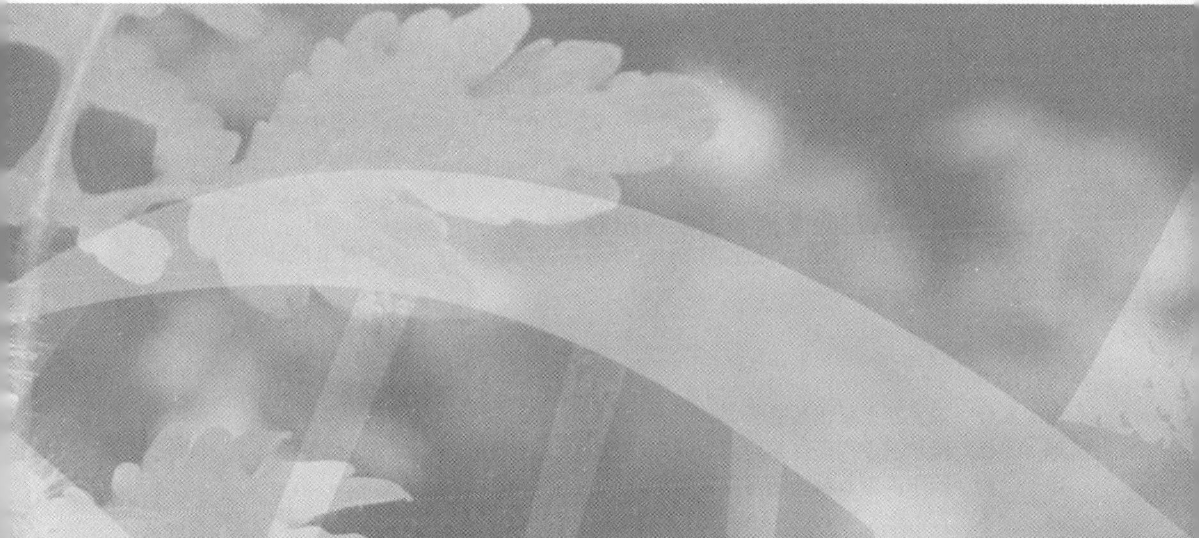

黑龙江大学出版社
HEILONGJIANG UNIVERSITY PRESS
哈尔滨

图书在版编目（CIP）数据

丛枝菌根共生体对除草剂胁迫响应机制 / 范晓旭著
. -- 哈尔滨 : 黑龙江大学出版社， 2020.6
ISBN 978-7-5686-0481-9

Ⅰ. ①丛… Ⅱ. ①范… Ⅲ. ①丛枝菌属－菌根菌－应
用－莠去津－土壤污染－生态修复－研究 Ⅳ.
① Q949.329.08 ② X530.5

中国版本图书馆 CIP 数据核字 (2020) 第 051142 号

丛枝菌根共生体对除草剂胁迫响应机制
CONGZHIJUNGEN GONGSHENGTI DUI CHUCAOJI XIEPO XIANGYING JIZHI
范晓旭　著

责任编辑　于　丹
出版发行　黑龙江大学出版社
地　　址　哈尔滨市南岗区学府三道街 36 号
印　　刷　哈尔滨市石桥印务有限公司
开　　本　720 毫米 ×1000 毫米　1/16
印　　张　11.5
字　　数　177 千
版　　次　2020 年 6 月第 1 版
印　　次　2020 年 6 月第 1 次印刷
书　　号　ISBN 978-7-5686-0481-9
定　　价　35.00 元

目　　录

1
绪论

1.1 除草剂阿特拉津

阿特拉津(atrazine,CAS:1912 - 24 - 9),商品名莠去津,化学名称为2 - 氯 - 4 - 乙胺基 - 6 - 异丙胺基 - 均三氮苯,分子式为 $C_8H_{14}ClN_5$,相对分子质量为215.68,化学结构式如图1 - 1所示。阿特拉津是一种选择性内吸型苗前、苗后封闭除草剂,于20世纪50年代投入商业化生产,主要适用于玉米地、高粱地、果园和林地等一年生、多年生禾本科杂草和阔叶杂草的防除与抑制。

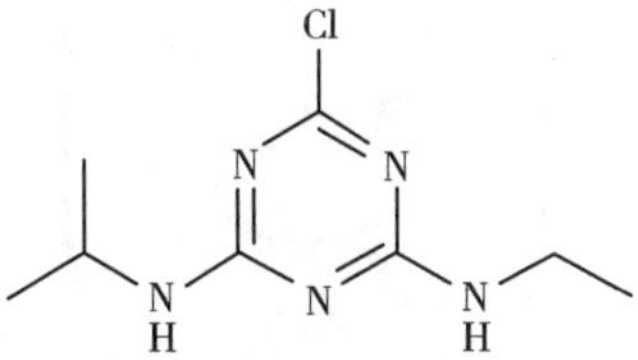

图1 - 1 阿特拉津的化学结构式

1.1.1 阿特拉津的光合抑制机理

光合作用是植物特有的生命现象,是植物生长发育的基础,抑制光合作用的除草剂最为常见且行之有效。经阿特拉津处理过的植物会出现明显的萎黄,直至组织坏死。植物萎黄主要是由于叶绿体中发生光氧化反应而导致叶绿素破坏,组织坏死是由于脂质过氧化而导致膜系统损坏。

在正常情况下植物光系统Ⅱ(PSⅡ)中电子传递路径如图1 - 2所示,光能由捕光色素(light - harvesting pigment)叶绿素和类胡萝卜素捕获并传递至特定反应中心 P_{680},同时提供电子由 P_{680} 传递至脱镁叶绿素的能量。P_{680} 的缺失电子由D1蛋白上的酪氨酸残基补偿。然后,脱镁叶绿素中的电子传递至蛋白复合质体醌(plastoquinone)Q_A,再通过非血红素铁形式传递至 Q_B,当第二个电子由 Q_A 传递至 Q_B 时,完全还原醌质子化形成了 PQH_2。PQH_2 与其结合位点亲和力低而被其他质体醌分子而取代。除草剂阿特拉津的作用机理就是抑制光系统Ⅱ中的电子传递，即阿特拉津对 Q_B表现为竞争结合且竞争 D1 蛋白上的结合位点，抑制了电子流由 Q_A向 Q_B传递，从而减少了 ATP 和 NADPH 的产生及 CO_2的固定。

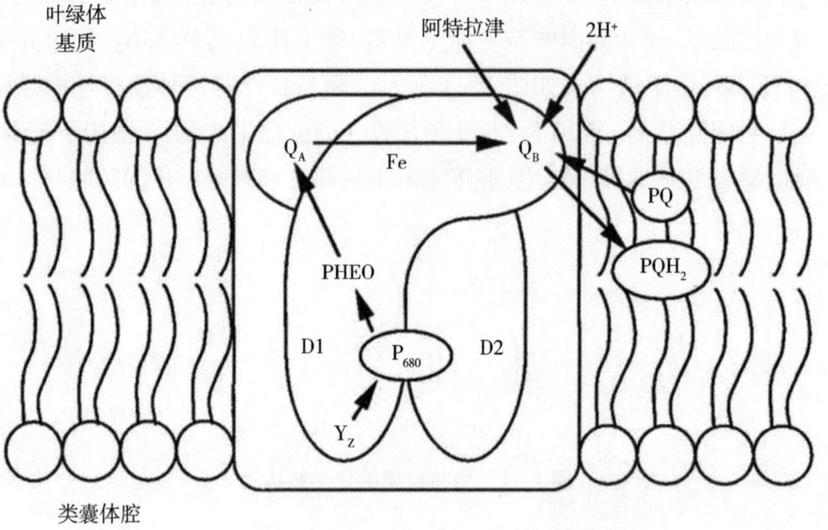

图 1-2　阿特拉津在光系统Ⅱ中的作用机理示意图

当叶绿素接收光能从基态转为单态，这种单态（singlet energy state）能量通常转移至 P_{680}，叶绿素分子再转变回基态（ground state）。阿特拉津与 D1 蛋白中的 Q_B位点结合后阻止了电子流，单态叶绿素能量就不能向光系统Ⅱ传递。叶绿素分子短暂的单态能量出现了累积，其中一部分也转换成寿命更长的三线态（triplet state）。正常光合作用中产生的三线态叶绿素是由类胡萝卜素消耗的。由于阻遏光系统Ⅱ电子传递产生大量三线态叶绿素，使得类胡萝卜素猝灭系统严重超负荷，这些过量的三线态叶绿素导致脂质过氧化，一方面是在不饱和脂肪酸中直接形成脂自由基，另一方面，三线态叶绿素与氧反应产生单线态氧（singlet oxygen）。最终导致过量的三线态叶绿素和单线态氧均严重超出类胡萝卜素的猝灭能力，从而产生巨大的氧化压力。

1.1.2 阿特拉津污染与危害

我国自20世纪80年代中期开始生产阿特拉津,由于阿特拉津使用方便、价格低廉、除草效果显著,其生产量逐年增加,主要用于华北和东北地区玉米田的杂草防除。由于阿特拉津在土壤中有较高的稳定性,同时有较高的地下水污染指数,长期大量而广泛应用阿特拉津使得土壤和地表水都受到了一定的污染,如官厅水库、辽河流域和长江流域中均检测到不同浓度的阿特拉津。阿特拉津已被欧共体、美国和日本等严格列入内分泌干扰物名单,其对人的中枢神经系统、内分泌系统和免疫系统造成损害,影响大鼠、猪和两栖动物的生殖健康,促进雌性化。因此,近年来针对阿特拉津污染修复的研究逐渐引起关注。

1.2 阿特拉津污染的生物修复技术

1.2.1 植物修复

植物对有机污染物的消除主要是通过植物根际过滤、植物提取、酶系代谢转化、挥发至大气中等完成的。例如在植物代谢转化过程中,阿特拉津经脱毒生成羟基阿特拉津(hydroxyatrazine)、脱乙基阿特拉津(deethylatrazine, DEA)和脱异丙基阿特拉津(deisopropylatrazine, DIA)等,均对水生植物没有光合抑制作用。

阿特拉津经根系摄取并输送至其他能够代谢、固持或挥发阿特拉津及其代谢中间产物的器官中。例如,多花黑麦草(*Lolium multiflorum*)就能够在1 $mg \cdot kg^{-1}$阿特拉津溶液中发芽并生长。利用三种水生植物黄菖蒲(*Iris pseudacorus*)、千屈菜(*Lythrum salicaria*)和菖蒲(*Acorus calamus*)处理4 $mg \cdot L^{-1}$阿特拉津污染水体,20天之后的去除率分别达75.6%、65.5%和61.8%。

1.2.2 细菌修复

细菌在阿特拉津降解和矿化过程中具有重要作用。许多研究者发现,在长期施加阿特拉津的土壤中,细菌群落经过长时间的驯化,对阿特拉津的降解过程加速。

至今,有大量研究报道了利用以阿特拉津为唯一氮源的培养基从阿特拉津污染样地分离获得了多个具备较高降解能力的细菌菌属,如假单胞菌属(*Pseudomonas*)、节杆菌属(*Arthrobacter*)、诺卡氏菌属(*Nocardia*)、芽孢杆菌属(*Bacillus*)、红杆菌属(*Rhodobacter*)、鞘氨醇单胞菌属(*Sphingomonas*)、不动杆菌属(*Acinetobacter*)、根瘤菌属(*Rhizobium*)、慢生根瘤菌属(*Bradyrhizobium*)、伯克氏菌属(*Burkholderia*)、甲基杆菌属(*Methylobacterium*)、分枝杆菌属(*Mycobacterium*)等。以上经分离、驯化、纯化的细菌菌株,在实验室条件下已具备较高的阿特拉津降解能力,如有学者报道了 *Arthrobacter* sp. DNS10(10^8 CFU · mL^{-1})可将 100 mg · L^{-1}阿特拉津溶液在 24 h 之内全部降解。与此同时,高效降解工程菌株的构建也取得了一系列成功,以 *Pseudomonas* sp. ADP 为供体,通过质粒转移得到去除率远高于供体菌株的 AD3 和 AD25,二者能将培养基中 500 mg · L^{-1}的阿特拉津在 72 h 内降解 95% 以上。*Pseudomonas* sp. ADP 和金黄节杆菌 TCI(*Arthrobacter aurescens* TCI)是具有代表性且研究相对较深入的阿特拉津降解菌株,目前对二者的降解途径研究得最为清楚,如图1 -3所示。*Pseudomonas* sp. ADP 是通过降解基因 *atzA*、*atzB*、*atzC*、*atzD*、*atzE*、*atzF* 编码的蛋白质将阿特拉津完全矿化,这是已知的完整的细菌降解阿特拉津途径,且普遍存在于革兰氏阴性菌中。*Arthrobacter aurescens* TCI 通过降解基因 *trzN*、*atzB*、*atzC* 编码的蛋白质将阿特拉津降解成氰尿酸等,*trzN* 和 *atzB*、*atzC* 的降解基因组合大多存在于阿特拉津降解细菌中的革兰氏阳性菌,不能将阿特拉津完全矿化。在 NCBI GenBank 中注释含有阿特拉津降解基因的菌属共计 37 个,主要集中在放线菌纲(Actinobacteria)、变形菌纲(Proteobacteria)、厚壁菌纲(Firmicutes)。

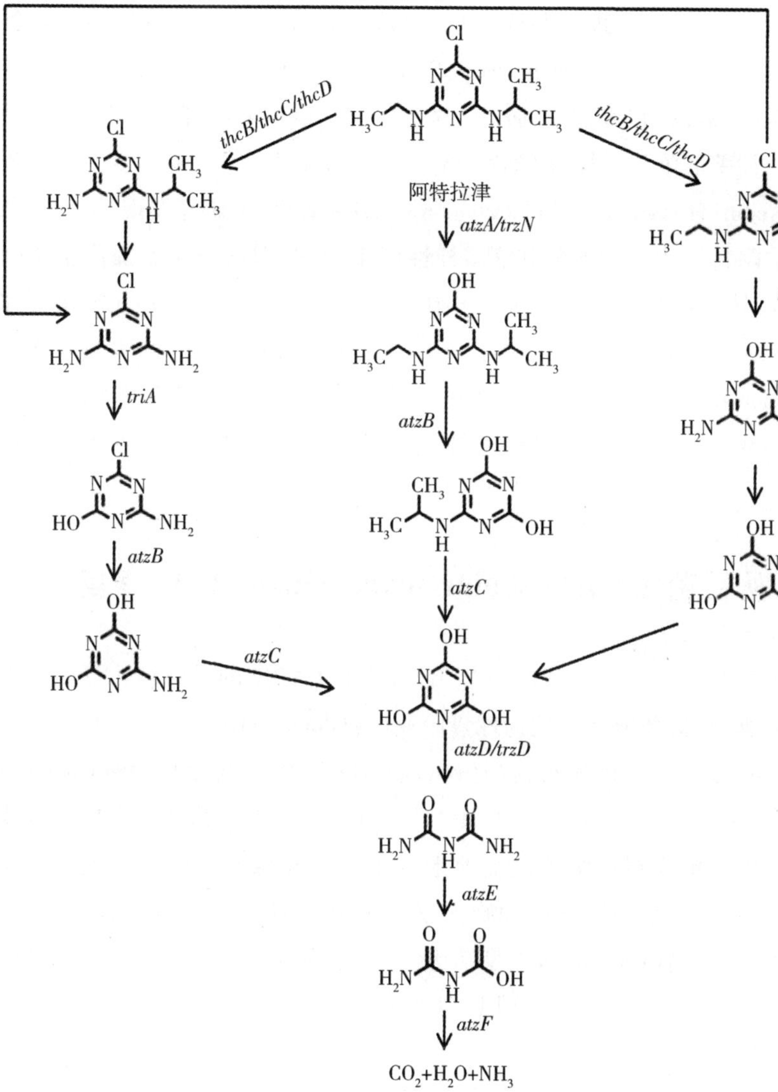

图 1-3 细菌代谢阿特拉津途径及主要降解基因

研究表明，分别施加 3.0 mg·kg^{-1}、6.0 mg·kg^{-1}和 15.0 mg·kg^{-1}阿特拉津后，菜圃土壤中具备阿特拉津降解能力的细菌菌属丰度均增加，其主要包括类诺卡氏菌属（*Nocardioides*）、*Arthrobacter*、*Methylobacterium*、*Bradyrhizobium*、*Mycobacterium*、*Burkholderia* 和梭菌属（*Clostridium*）。研究人员利用

100 mg · L^{-1}阿特拉津处理湖泊底泥后，发现了较高丰度的阿特拉津降解细菌，主要包括乙酸杆菌属（*Acetobacter*）、*Pseudomonas*、*Clostridium sensustricto*、红球菌属（*Rhodococcus*）和 *Burkholderia*。这些研究结果均表明，阿特拉津施加并未显著改变细菌群落的多样性和均一性。然而，Tortella 等人利用变性梯度凝胶电泳（denaturing gradient gel electrophoresis，DGGE）技术研究发现，第一次和第二次施加阿特拉津未对细菌群落多样性产生影响，但第三次施加产生了抑制作用。此外，在 Ros 等人的研究中，DGGE 条带显示 100 mg · kg^{-1} 和 1 000 mg · kg^{-1}阿特拉津显著降低了半干旱土壤中的细菌群落的香农多样性指数（Shannon diversity index）。由此可见，阿特拉津对细菌群落结构和组成的影响趋势并未达成一致，且受到土壤理化因子、施加剂量、施加频率等因素影响。

1.2.3 丛枝菌根（arbuscular mycorrhiza，AM）修复

丛枝菌根真菌是一类全球性分布、能与陆地上 90% 的维管植物形成共生关系的内生真菌，最新分类地位为球囊菌亚门（Glomeromycotina），主要包括球囊霉目（Glomerales）、多孢囊霉目（Diversisporales）、类球囊霉目（Paraglomerales）、原囊霉目（Archaeosporales），共计 4 个目 13 个科 19 个属 214 个种。丛枝菌根真菌侵染至植物根系细胞之后就形成了一种互惠共利的共生关系——丛枝菌根，并在根皮层细胞间或细胞内形成了根内菌丝（internal hyphae）、丛枝（arbuscule）、泡囊（vesicle）等典型结构，在根系表面形成了根外菌丝（external hyphae）和孢子（spore）等，如图 1 - 4 所示。

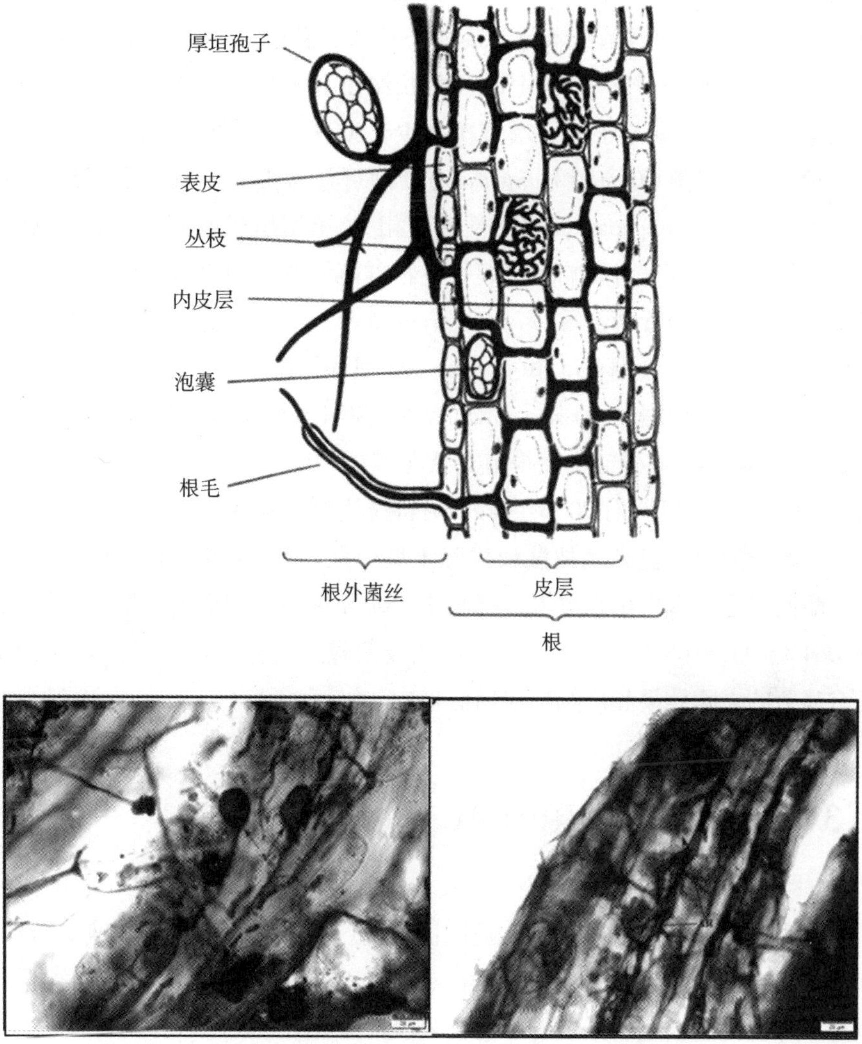

图 1-4　丛枝菌根真菌侵染宿主植物根系典型结构形态

丛枝菌根能克服微生物修复和植物修复的不足，综合利用丛枝菌根真菌、植物及其相互作用的根际环境而有效地修复污染土壤。目前，越来越多的研究关注植物与丛枝菌根真菌建立的共生体系对污染土壤的修复效果与机制。

关于利用丛枝菌根修复阿特拉津污染土壤已有相关报道。2007 年,有报道称,接种丛枝菌根真菌玉米与非接种玉米对土壤中 2.0 mg · kg^{-1} 阿特拉津的去除率分别为 73.7% 和 31.4%,阿特拉津在土壤不同位点中的去除率从根际土壤、近根际土壤至根外土壤依次减少。2009 年,该研究小组进一步报道了接种幼套球囊霉(*Glomus etunicatum*)处理可显著提高土壤中磷酸酶活性,而与脱氢酶(dehydrogenase,DHA)活性不相关,土壤磷脂脂肪酸(PLFA)谱图表明丛枝菌根真菌显著影响了土壤微生物群落结构。2010 年,宋福强等人报道了高粱接种摩西管柄囊霉(*Funneliformis mosseae*)对土壤中阿特拉津的去除率优于接种根内球囊霉(*G. intraradices*)处理,另外,接种丛枝菌根真菌处理能显著提高土壤中脲酶(urease,URE)活性,但对过氧化氢酶(CAT)活性影响不显著。2016 年,该研究小组报道了紫花苜蓿(*Medicago sativa*)接种 *F. mosseae* 形成共生体系后,对 20 mg · kg^{-1} 阿特拉津的去除率高达 70.22%,另外,添加阿特拉津能够提高丛枝菌根根际土壤中蔗糖酶、脲酶、过氧化氢酶和纤维素酶的活性。水生植物美人蕉接种 *F. mosseae* 后,对阿特拉津的去除率达 68.064%~95.670%。由此可见,利用丛枝菌根真菌修复阿特拉津污染土壤具有显著的去除效果和广阔的应用前景。

1.3 丛枝菌根真菌对 *M. sativa* 的影响

M. sativa 是一种优质、高产、适应性强、抗逆性强、蛋白质含量高、广泛栽培的多年生豆科牧草,它饲用价值高,营养丰富,素有"牧草之王"之称,同时也是一种优良的改土培肥植物。丛枝菌根真菌变形球囊霉(*G. versiforme*)、单孢球囊霉(*G. monosporum*)、*G. intraradices*、副冠球囊霉(*G. coronatum*)、光壁无梗囊霉(*Acaulospora laevis*)、脆无梗囊霉(*A. delicata*)等均能与 *M. sativa* 形成良好的共生关系,且对 *M. sativa* 的株高、地上生物量、地下生物量、总生物量有显著的促生效果。另外,接种 *F. mosseae* 能够促进 *M. sativa* 的养分吸收,如提高地上部分氮、磷、钾含量和地下部分的氮吸收量,也可以增加植株可溶性糖、可溶性蛋白的含量,降低丙二醛和脯氨酸的含量,增强叶片的保水能力和植株抗旱性能。此外,*F. mosseae* 和扭形球囊霉(*G. tortuosum*)通过调

节过氧化物酶(POD)、过氧化氢酶和苯丙氨酸解氨酶(PAL)活性,提高了 *M. sativa*对烟色织孢霉及苜蓿茎点霉引致病害的抗性。

与此同时,丛枝菌根真菌可以缓解非生物因子对 *M. sativa* 的胁迫效应。例如,多个研究指出丛枝菌根真菌显著促进了 NaCl 胁迫下 *M. sativa* 个体生物量、可溶性蛋白和可溶性糖的积累,而且在一定程度上降低了 Na^+ 的积累,缓解了 K^+ 含量的降低,同时降低了叶片相对电导率和丙二醛的含量。在干旱胁迫下,接种丛枝菌根真菌缓解了干旱对土壤结构和植物生长的抑制作用,促进了植物细胞渗透调节物质的累积,抑制超氧自由基的产生。Goicoechea 等人报道了在大气 CO_2 含量升高条件下,混合接种根内根孢囊霉(*Rhizophagus intraradices*)与 *F. mosseae* 增加了核酮糖-1,5-双磷酸羧化酶/加氧酶(Rubisco)的数量以及编码其大小亚基基因的表达,进而通过增加叶片气孔导度和可溶性糖累积,提高了胁迫下 *M. sativa* 光合驯化能力。

M. sativa 与丛枝菌根真菌共生体系已被广泛应用于不同类型污染土壤的生物修复,如重金属、多氯联苯(polychlorinated biphenyls,PCBs)、多环芳烃(polycyclic aromatic hydrocarbons,PAHs)等。研究人员发现 *M. sativa* 接种 *G. etunicatum*、层状球囊霉(*G. lamellosum*)后,球囊霉素相关土壤蛋白(glomalin-related soil protein,GRSP)显著增加,且 GRSP 含量与土壤中多环芳烃的去除量呈显著正相关。

1.4 研究意义

丛枝菌根真菌不仅促进了宿主植物对土壤养分的吸收,改善了植物磷、氮等水平,也有效地提高了植物对生物与非生物胁迫因子的耐受性,与此同时,其因具有显著的去除效果已被广泛应用于重金属、多氯联苯、多环芳烃、阿特拉津等不同类型污染土壤的生物修复,因此越来越多的研究关注丛枝菌根真菌与植物建立的共生体系对污染土壤的修复机制。

本书选取 *F. mosseae* 作为供试丛枝菌根真菌,*M. sativa* 作为宿主植物,从 *M. sativa*叶片的结构与功能、根系的代谢水平特征和特异性根系分泌物角度,充分明晰了丛枝菌根真菌 *F. mosseae* 对宿主植物耐受阿特拉津的贡献;同时,利用分子生物学手段探求了根际细菌群落在丛枝菌根去除土壤阿特拉津过程中的响应机制。本书将进一步丰富和完善丛枝菌根真菌对阿特拉津污染土壤修复的理论依据,也为利用丛枝菌根真菌修复其他污染类型土壤提供科学佐证。

2

F. mosseae – M. sativa 共生体光合特征对阿特拉津胁迫的响应

2.1 概述

阿特拉津通常采用单品或复配其他除草剂，防治玉米、高粱等作物农田中禾本科杂草和阔叶杂草，现已成为世界范围内广泛使用的除草剂之一。阿特拉津属于光合作用抑制类型除草剂，即通过抑制电子传递，减少 ATP 和 NADPH 生成以及 CO_2固定，与此同时，阿特拉津还诱导植物体内活性氧(reactive oxygen species，ROS)迅速累积，从而导致由脂质过氧化、蛋白质降解、酶系失活、色素白化等引起的膜系统损坏。由于大量施加及在土壤中的常年累加，阿特拉津经常对其非靶标植物产生影响。如研究人员发现阿特拉津对水稻茎和根的伸长、总叶绿素含量产生显著的抑制作用，另外，阿特拉津对藻类的最大光化学效率(F_v/F_m)和实际光化学量子效率($\Phi_{PS\,II}$)也产生抑制作用。

丛枝菌根真菌可以与大多陆生植物形成互惠共利的共生结构，可以提高植物对多种非生物胁迫的耐受性。关于阿特拉津对植物的毒害作用已有大量研究，但对接种丛枝菌根真菌诱导植物对阿特拉津毒性的响应的相关研究却较少。鉴于此，本书的主要目的为揭示在阿特拉津胁迫下接种丛枝菌根真菌对 *M. sativa* 光合作用相关参数和叶绿素含量的影响、对 *M. sativa* 叶绿体超微结构的影响。

2.2 材料与方法

2.2.1 试验材料与试验设计

M. sativa 种子由黑龙江省农业科学院草业研究所提供，利用 10% H_2O_2对种子表面消毒 10 min，在暗处催芽 24 h 后待播种。

培养基质(GR，growth medium)为林下土、沙子、蛭石以 5∶2∶3 的比例混合，并在 121 ℃、0.1 MPa 下灭菌 1.5 h，以灭活基质中携带的土著丛枝菌根真菌孢子。

供试丛枝菌根真菌为 *F. mosseae*,曾用名摩西球囊霉(*G. mosseae*),接种物由孢子、菌丝以及菌根片段组成,每克接种物中约有 25 个孢子,由黑龙江大学修复生态实验室扩繁保藏。

在 *M. sativa* 盆栽试验中,将约 3.5 kg 培养基质置于盆中并与 30 g *F. mosseae* 接种物混合作为接种(FM)处理(共计 10 盆),3.5 kg 培养基质与 30 g 灭活 *F. mosseae* 接种物混合作为未接种(NM)处理(共计 10 盆)。所有盆栽置于室外苗圃中,平均温度 26 ℃/17 ℃(日/夜)。

菌根侵染率是采用乙酸墨水染色法测定的,且每周对接种处理中的 *M. sativa* 根系进行测定。丛枝菌根真菌的泡囊侵染率和菌丝侵染率采用十字交叉法进行计算。当侵染率达到 90% 时,将阿特拉津分别施加到接种处理和未接种处理中。

阿特拉津浓度是经过前期试验确定的:分别以 1 kg 培养基质中施加 2.5 mg、5 mg、10 mg、15 mg、20 mg 阿特拉津的浓度进行 *M. sativa* 培养,其中 1 kg 培养基质中施加 10 mg 阿特拉津为亚致死剂量,因此后续试验中阿特拉津均采用此浓度施加。

最终形成如下 4 种处理:未接种 + 未施加阿特拉津(NM + NA,5 盆)、接种 + 未施加阿特拉津(FM + NA,5 盆)、未接种 + 施加阿特拉津(NM + AT,5 盆)和接种 + 施加阿特拉津(FM + AT,5 盆)。在阿特拉津施加 24 h 和 48 h 时,分别进行叶片的光合作用相关参数、叶绿素含量的测定,以及叶绿体超微结构的观察。

2.2.2 光合作用相关参数测定

2.2.2.1 气体交换与荧光参数测定

利用 LI－6400 型便携式光合作用测定系统对各处理中生长旺盛的 *M. sativa* 叶片进行测定,选取植株顶端第三个完全展开的中间小叶测量净光合速率(net photosynthesis rate,P_n)、气孔导度(stomatal conductance,G_S)和叶绿素荧光参数(chlorophyll fluorescence)。每个处理中选取 5 个相同位置的叶片作为重复。控制培养室温度为 25 ℃，相对湿度为 75%，CO_2 含量约为 350 μmol · mol^{-1}，设置 LED 光源的光量子通量密度为 1 200 μmol · m^{-2} · s^{-1}。

叶绿素荧光参数根据 Murchie 和 Lawson 定义的下列公式计算，包括 F_v/F_m 和 Φ_{PSII}。

$$F_v/F_m = (F_m - F_0)/F_m \quad (2-1)$$

$$\Phi_{PSII} = (F'_m - F_t)/F'_m \quad (2-2)$$

式中：

F_m——暗适应 30 min 之后的最大荧光值；

F_0——暗适应 30 min 之后的最小荧光值；

F_v——可变荧光值；

F'_m——光适应后的最大荧光值；

F_t——稳态荧光值。

2.2.2.2 叶绿素提取与叶绿素含量测定

每个处理选取 1 g 新鲜叶片置于研钵中，加入适量石英砂研磨至糊状后，加入 5 mL 80% 丙酮进行叶绿素提取，利用分光光度计分别在 470 nm、649 nm 和 663 nm 下测定提取液的吸光度，并按照下列公式分别计算叶绿素 a(Chl a)、叶绿素 b(Chl b) 和类胡萝卜素(Car)含量：

$$\text{叶绿素 a 含量} = 12.12A_{663} - 2.81A_{649} \quad (2-3)$$

$$\text{叶绿素 b 含量} = 20.13A_{649} - 5.03A_{663} \quad (2-4)$$

$$\text{类胡萝卜素含量} = (1\,000A_{470} - 2.05\text{Chl a} - 114.8\text{Chl b})/245 \quad (2-5)$$

2.2.3 叶绿体超显微结构观察

用干净的手术刀片将 *M. sativa* 叶片切割成 1 mm × 3 mm 的长条(3 mm 为

叶片生长方向的长度),然后按下列步骤依次处理:

(1)前固定:迅速放入2.5%戊二醛固定液中,抽真空使叶片沉入液体底部,固定2 h以上。

(2)漂洗:用0.1 mol/L、pH = 6.8磷酸缓冲液漂洗叶片3次,每次15 min。

(3)后固定:用1%锇酸溶液固定2 h至3 h。

(4)漂洗:再次用0.1 mol/L、pH = 6.8磷酸缓冲液漂洗3次,每次15 min。

(5)脱水:用50%、70%和90%乙醇依次脱水,每次20 min;100%乙醇脱水2次,每次10 min;100%乙醇与丙酮混合液(体积比为1∶1)脱水10 min。以上脱水步骤均在4 ℃下进行。100%丙酮室温处理10 min。

(6)浸透:100%丙酮包埋剂混合液(体积比为1∶1)室温处理1 h,100%丙酮包埋剂混合液(体积比为1∶2)室温处理4 h,100%丙酮包埋剂混合液(体积比为1∶3)室温处理过夜。

包埋、聚合和修块后,在超薄切片机上进行切片(切片厚度为50 ~ 60 nm),再用铜网捞含有组织的切片,经乙酸双氧铀 - 柠檬酸铅双染色后,用透射电子显微镜观察并拍照。

2.2.4 叶片蛋白表达库构建

取接种 + 施加阿特拉津处理的新鲜叶片在液氮中研磨成细粉状后,通过三氯乙酸(TCA) - 丙酮(体积比为1∶9)沉淀法提取叶片总蛋白,然后采用二喹啉甲酸(BCA)法进行蛋白质定量。取样品蛋白质20 μg与5倍上样缓冲液混合,沸水浴5 min,进行12.5% SDS - PAGE,考马斯亮蓝染色。

将终浓度100 mmol/L的蛋白质溶液与尿素(UA)缓冲液混匀,12 000 g离心30 min(30 ku超滤离心管),弃滤液(该步骤重复两次)。加入碘乙酰胺(IAM)缓冲液,600 r/min振荡1 min,室温避光反应30 min,12 000 g离心30 min。加入尿素缓冲液再离心。加入25 mmol/L NH_4HCO_3溶液,12 000 g离心30 min(该步骤重复两次)。加入胰蛋白酶(trypsin)缓冲液,600 r/min振荡1 min,37 ℃放置17 h。换新收集管,12 000 g离心15 min;再加入25 mmol/L NH_4HCO_3,12 000 g离心15 min,收集滤液。对肽段进行脱盐,肽段冻干后加入 40 μL 0.1% 甲酸溶液复溶并进行肽段定量。

然后进行富集与分级，RP 柱加入乙腈并离心，弃滤液(重复一次)。加入 0.1% 三氟乙酸(TFA)，离心并弃滤液(重复一次)。取 100 μg 冻干的肽段，加入 0.1% 三氟乙酸溶液复溶，转入处理好的柱子中，3 000 g 离心 2 min，加入 300 μL 水，再次离心。洗脱液为 0.1% 甲酸乙腈水溶液，乙腈的浓度分别为 5%、8%、10%、11.5%、13%、14.5%、16%、17.5%、19%、22% 和 50%，其中 8% ~50% 为有效梯度，收集滤液，冻干。液相色谱 - 质谱联用仪(gas chromatograph - mass spectrometer，GC - MS)参数如表2 - 1 所示。将 LC - MS/MS 原始文件导入 Maxquant 软件，进行 LFQ 非标定量分析。数据库为 Uniprot_Medicago_69990_20161108.fasta(收录序列 69 990 条)。比对之后首先进行 Gene Ontology(GO)功能注释，从参与的生物过程(biological process)、分子功能(molecular function)和细胞组分(cellular component)3 个方面描述生物体中基因和基因产物的属性，之后进行 KEGG(kyoto encyclopedia of genes and genomes)通路注释。

表 2 - 1 蛋白质全谱分析的 UPLC - Q - TOF - MS 仪器参数

<table>
<tr><td>UPLC</td><td colspan="3">Thermo Easy - nLC</td></tr>
<tr><td rowspan="5">洗脱程序</td><td>时间/min</td><td>0.1% 甲酸水溶液/%</td><td>0.1% 甲酸乙腈水溶液/%</td></tr>
<tr><td>0</td><td>0</td><td>100</td></tr>
<tr><td>50</td><td>35</td><td>65</td></tr>
<tr><td>55</td><td>100</td><td>0</td></tr>
<tr><td>60</td><td>100</td><td>0</td></tr>
<tr><td>流速/($mL \cdot min^{-1}$)</td><td colspan="3">0.3</td></tr>
<tr><td>体积/μL</td><td colspan="3">3</td></tr>
<tr><td>色谱柱</td><td colspan="3">2 cm × 100 μm，5 μm C_{18}；75 μm × 100 mm，3 μm C_{18}</td></tr>
<tr><td>Q - TOF - MS</td><td colspan="3">Thermo Q - Exactive、ESI^+</td></tr>
<tr><td colspan="2">一级质谱</td><td colspan="2">二级质谱</td></tr>
<tr><td colspan="2">MS 扫描：300 ~ 1 800</td><td colspan="2">分辨率：17 500；*m/z*：200</td></tr>
<tr><td colspan="2">分辨率：70 000；*m/z*：200</td><td colspan="2">Microscans：1</td></tr>
<tr><td colspan="2">Maximum IT：50 ms</td><td colspan="2">Isolation indo：2 *m/z*</td></tr>
<tr><td colspan="2">AGC target：3e6</td><td colspan="2">Normalized collision energy：27 eV</td></tr>
<tr><td colspan="2"></td><td colspan="2">Dynamic exclusion：60.0 s</td></tr>
</table>

2.3 结果与分析

2.3.1 *F. mosseae* 侵染 *M. sativa* 根系

在接种处理中，*F. mosseae* 侵染 *M. sativa* 根系后形成典型的丛枝菌根结构，如孢子、根外菌丝、根内菌丝和泡囊（图 2－1），由此可见，*F. mosseae* 与 *M. sativa*根系之间可以形成良好的共生关系。

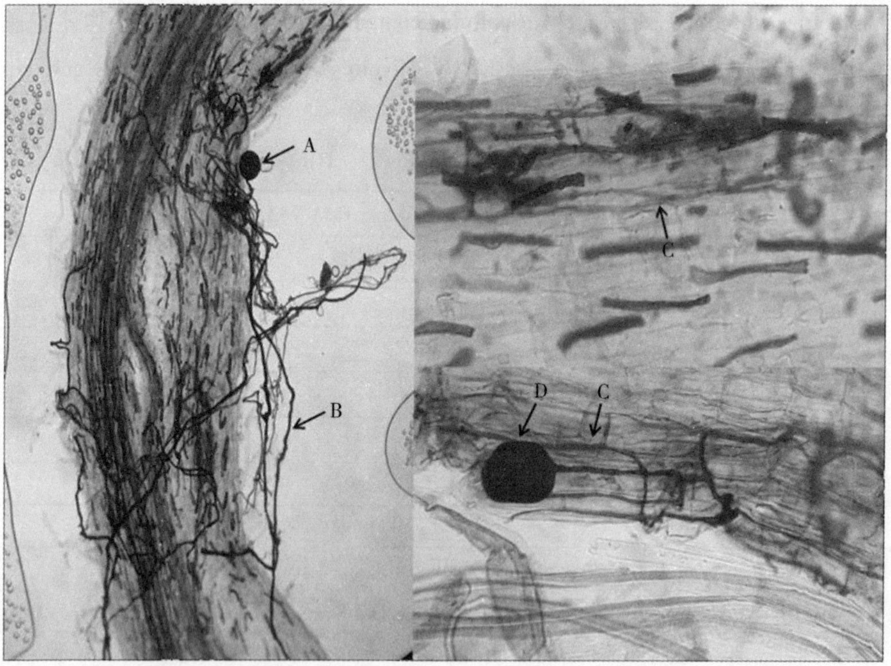

A. 孢子；B. 根外菌丝；C. 根内菌丝；D. 泡囊。

图 2－1 *F. mosseae* 侵染 *M. sativa* 根系光学显微图

F. mosseae 泡囊侵染率和菌丝侵染率均随着时间的延长而增加（图 2－2）。当 *M. sativa* 接种 35 天时，菌丝侵染率高达 91.2%。在未接种处理

中，*M. sativa*根系未见 *F. mosseae* 侵染。

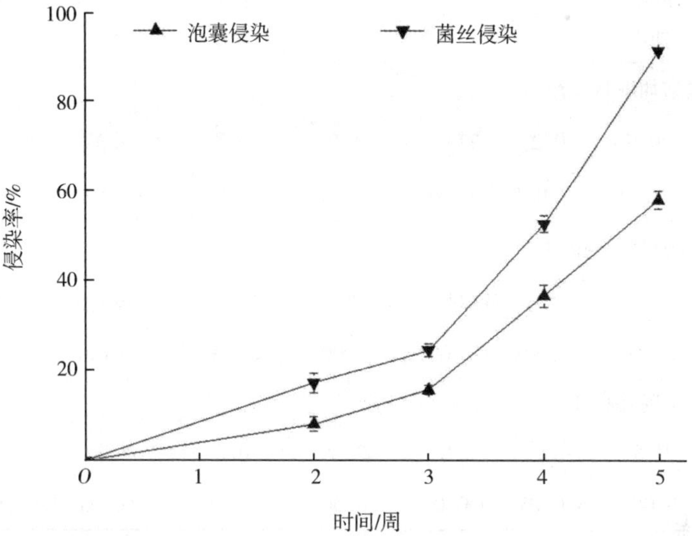

图 2－2　*F. mosseae* 侵染率随时间的变化

2.3.2　光合作用相关参数响应

未接种 *F. mosseae* 时 *M. sativa* 的净光合速率和气孔导度均受到阿特拉津的显著抑制($p<0.001$，可见表 2－2)。随着阿特拉津施加时间的延长，抑制作用逐渐增加(图 2－3)。当阿特拉津施加 48 h 时，净光合速率接近于 0。另外，接种 *F. mosseae* 显著提高了未施加阿特拉津时 *M. sativa* 的净光合速率和气孔导度($p<0.001$)。*F. mosseae* 与阿特拉津的互作对净光合速率没有显著影响，但对气孔导度有显著影响($p<0.05$)。

表 2-2 *F. mosseae*、阿特拉津及其互作对 *M. sativa* 光合作用相关参数影响的 ANOVA 分析

	净光合速率	气孔导度	F_v/F_m	$\Phi_{PS\,II}$	叶绿素 a 含量	叶绿素 b 含量	类胡萝卜素含量
接种 + 未施加阿特拉津							
F	20.9	60.2	27.8	26.9	0.7	4.3	2.8
p	<0.001	<0.001	<0.001	<0.001	0.396	0.059	0.119
未接种 + 施加阿特拉津							
F	173.1	319.1	3 668.9	27 201.7	647.7	1 051.9	165.9
p	<0.001	<0.001	<0.001	<0.001	<0.001	<0.001	<0.001
接种 + 施加阿特拉津							
F	3.5	6.8	6.9	28.9	0.2	4.4	0.1
p	0.061	<0.05	<0.01	<0.001	0.798	<0.05	0.987

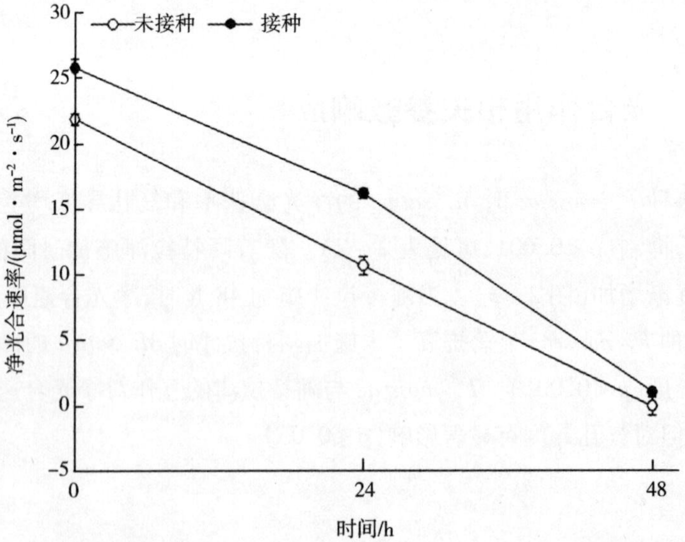

A

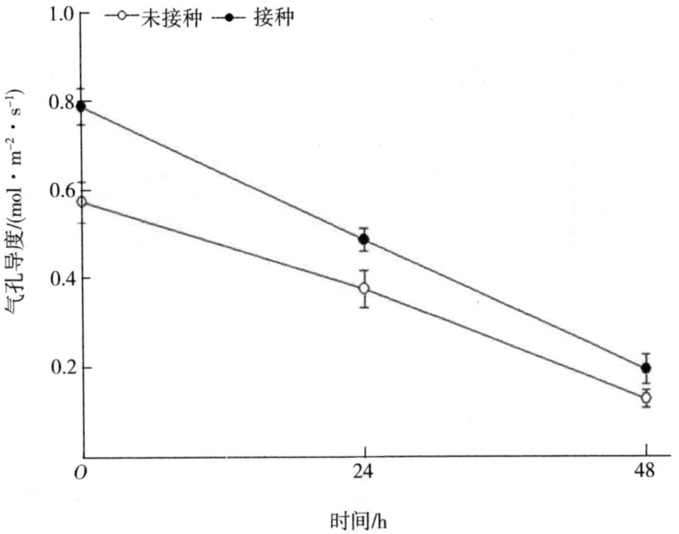

B

图 2－3　接种处理与未接种处理中 *M. sativa* 净光合速率(A)和气孔导度(B)对阿特拉津的响应

阿特拉津施加 24 h 后对 F_v/F_m 和 $\Phi_{PS\,II}$ 产生显著抑制作用($p<0.01$)，且抑制作用表现持续(图 2－4)。虽然 F_v/F_m 对阿特拉津的响应没有 $\Phi_{PS\,II}$ 敏感，但 F_v/F_m 的下降也表明了阿特拉津对光合作用的抑制作用。此外，F_v/F_m、$\Phi_{PS\,II}$ 在接种处理和未接种处理中的响应趋势相似，但在未接种处理中 F_v/F_m 下降幅度较接种处理大。*F. mosseae* 与阿特拉津的互作对 F_v/F_m($p<0.01$)和 $\Phi_{PS\,II}$($p<0.001$)均表现显著影响。

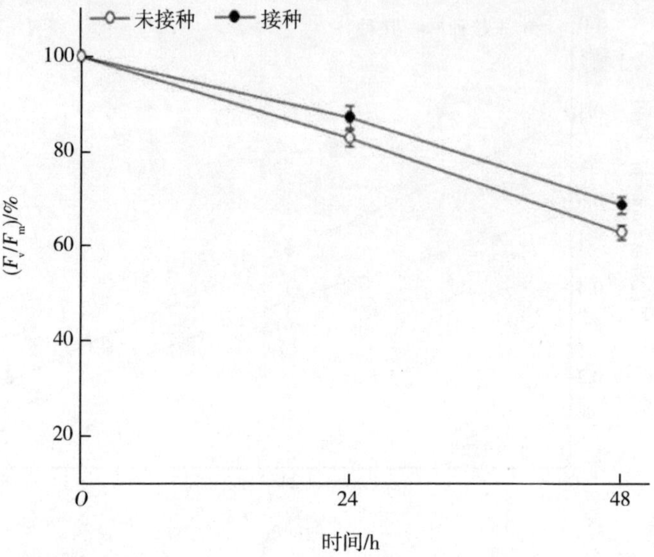

A

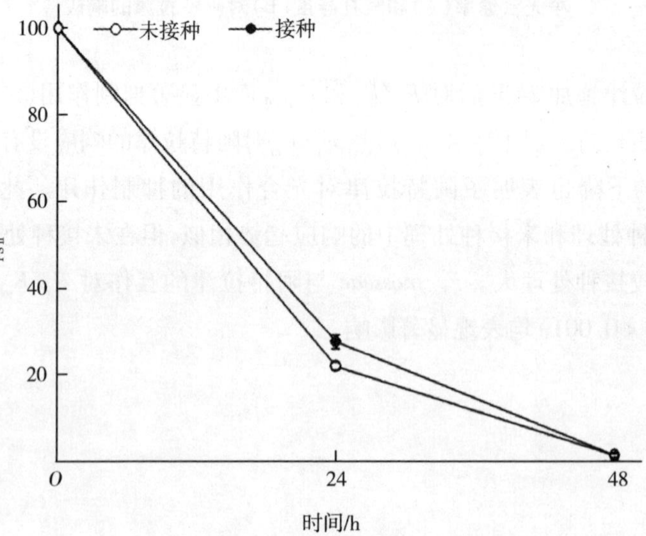

B

图 2-4 接种处理与未接种处理中 *M. sativa* 的 F_v/F_m(A)和 Φ_{PSII}(B)对阿特拉津的响应

阿特拉津对 *M. sativa* 的叶绿素 a、叶绿素 b 和类胡萝卜素均表现显著抑制($p<0.001$)(图 2 –5)。阿特拉津施加的时间越长,叶绿素含量越少。在施加 24 h 时,接种处理中的叶绿素 b 含量降低了 45.59%。无论是否施加阿特拉津,*F. mosseae* 均提高了叶绿素 a、叶绿素 b 和类胡萝卜素的含量,但不显著。*F. mosseae* 与阿特拉津的互作对叶绿素 a、叶绿素 b 和类胡萝卜素的含量均表现显著影响($p<0.05$)。

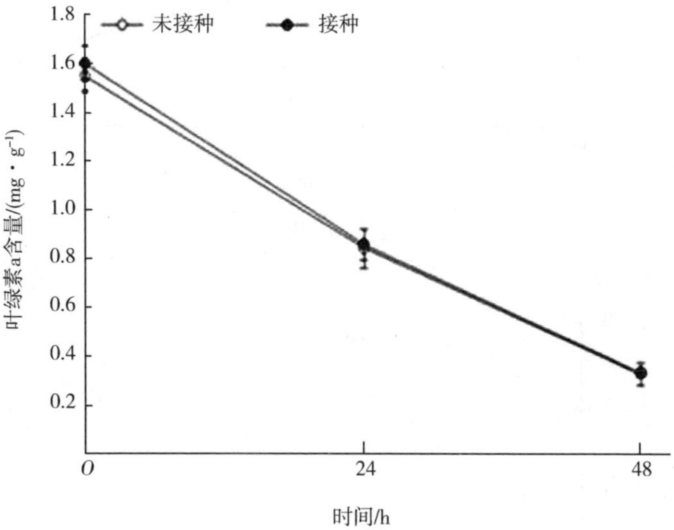

A

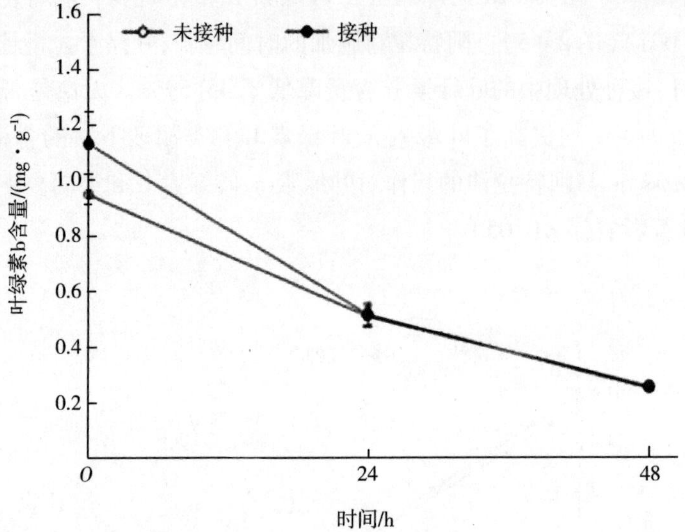

B

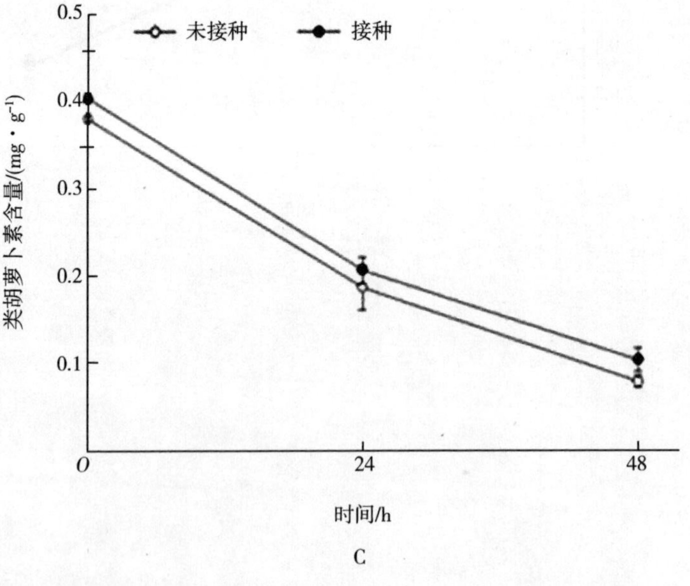

C

图 2-5 接种处理与未接种处理中 *M. sativa* 的叶绿素 a 含量(A)、叶绿素 b 含量(B)和类胡萝卜素含量(C)对阿特拉津的响应

2.3.3 叶绿体超微结构响应

如图 2 –6 所示,在接种 *F. mosseae* 处理和未接种处理中,均可见形状规则、完整的细长、椭圆形叶绿体沿细胞壁整齐排列,基质类囊体均清晰可见且垛叠规整有序,部分叶绿体内部可见膨大的椭圆形淀粉粒,有的叶绿体内存在少量嗜锇颗粒。可见,接种 *F. mosseae* 处理未对 *M. sativa* 叶肉细胞中叶绿体的超微结构产生显著影响。

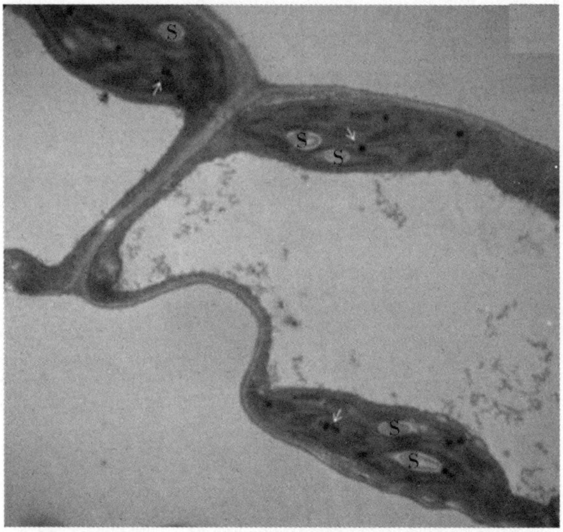

A

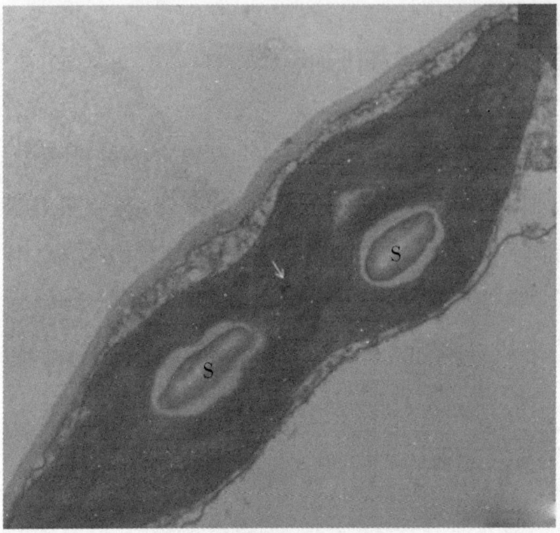

B

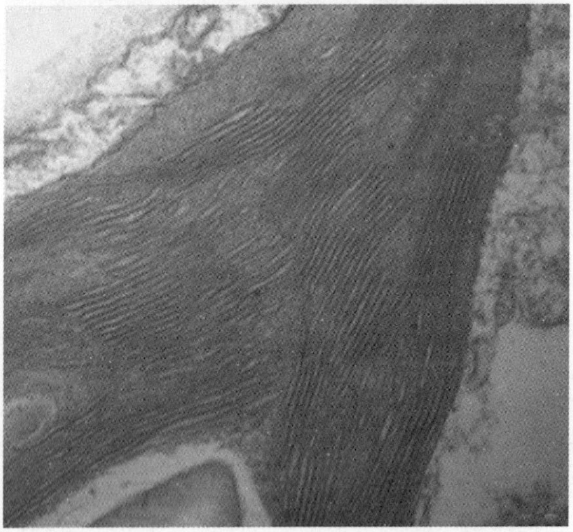

C

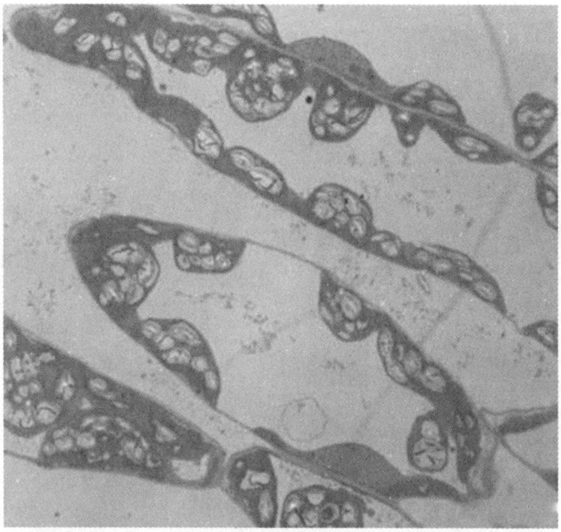

D

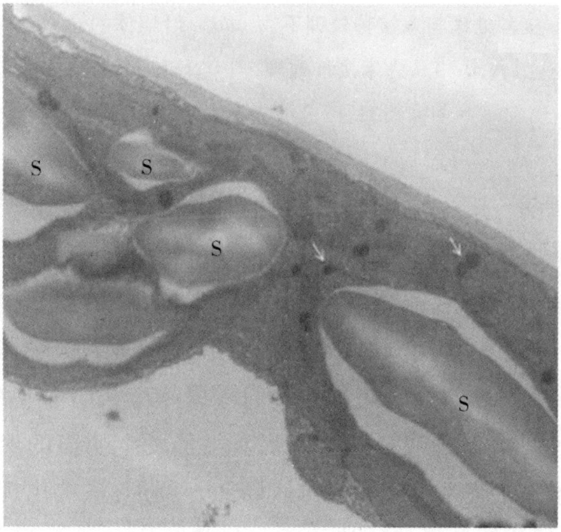

E

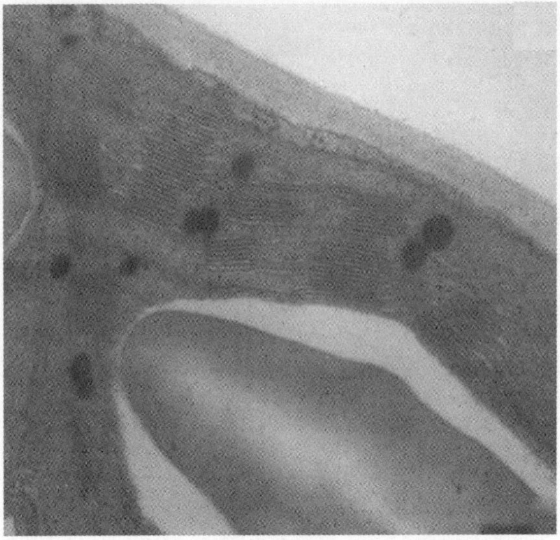

F

图 2-6 接种处理与未接种处理下 *M. sativa* 叶绿体的超微结构电镜图

注：图 A、B 和 C 为未接种处理，图 D、E 和 F 为接种处理，
S 为淀粉粒，白色箭头表示嗜锇颗粒。

如图 2-7 所示，*M. sativa* 叶绿体结构对阿特拉津十分敏感。施加阿特拉津 24 h 后，接种处理与未接种处理的 *M. sativa* 叶绿体都膨大变形，其中基粒片层结构出现排列疏松和解离的现象，由图 2-7 中的图 C 与 D 可知，接种 *F. mosseae* 处理可以缓解阿特拉津对基粒类囊体垛叠的破坏作用。当施加阿特拉津处理时间为 48 h 时，未接种处理的叶绿体形状明显萎缩，类囊体膜消解，片层结构解体，同时嗜锇颗粒的体积变小且发生明显的聚集现象。但接种处理的叶绿体由于膜系统完整而继续膨胀至圆形，虽然出现了类囊体消解现象，但仍有大部分的类囊体结构完整且维持规则的垛叠现象，嗜锇颗粒仍然是体积变小且聚集。

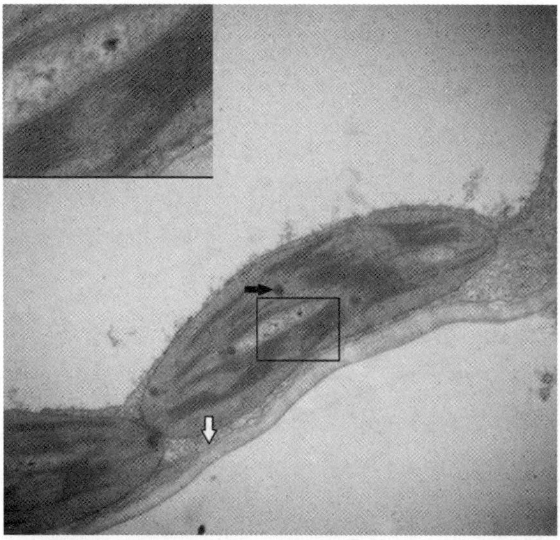

A

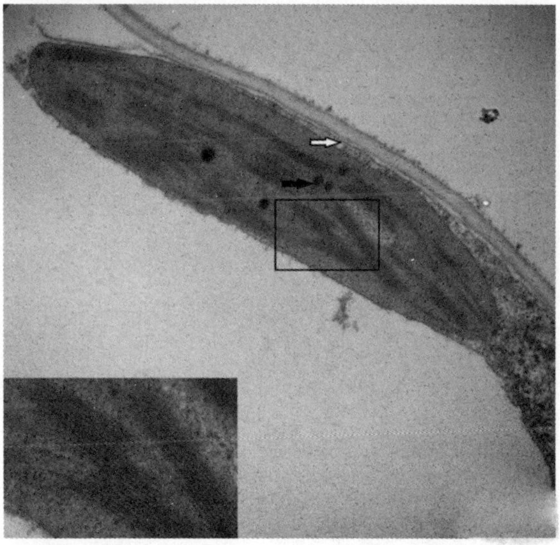

B

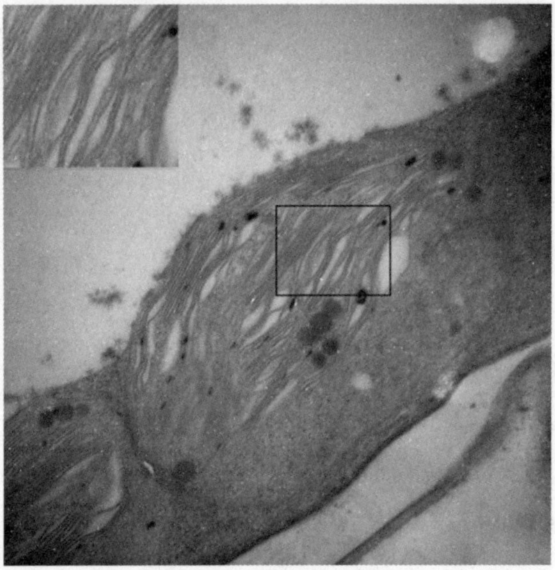

C

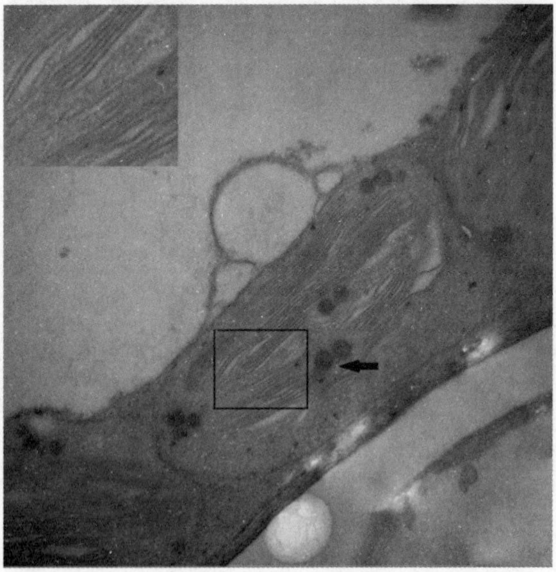

D

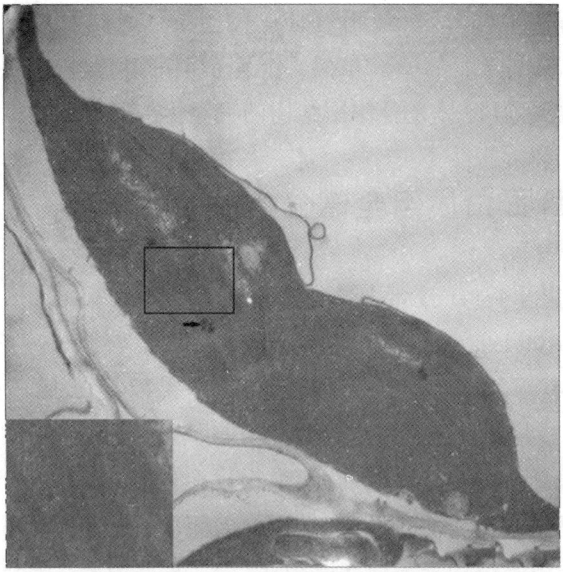

E

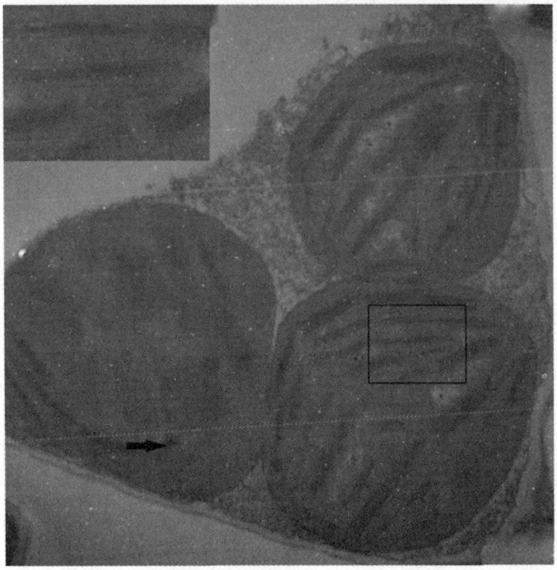

F

图 2 – 7　阿特拉津对不同处理下 *M. sativa* 叶绿体超微结构的影响

注:图 A 为未接种;图 B 为接种;图 C 为未接种 + 施加阿特拉津,24 h;
图 D 为接种 + 施加阿特拉津,24 h;图 E 为未接种 + 施加阿特拉津,48 h;
图 F 为接种 + 施加阿特拉津,48 h;黑色箭头表示嗜锇颗粒;白色箭头表示细胞壁。

总之,阿特拉津对 *M. sativa* 叶绿体中的类囊体结构和嗜锇颗粒位置产生了明显的影响,接种 *F. mosseae* 虽然不能完全消除叶绿体结构所受损伤,但在一定程度上维持了叶绿体光合作用结构的完整性。

2.3.4 叶片蛋白质组全谱分析

本书总共获得 4 441 个蛋白质组(protein group)、3 042 个蛋白质(protein groups unique peptide)。通过 GO 功能注释后,共获得 16 624 个条目,其中属于生物过程的有 6 287 个,属于细胞组分的有 4 726 个,属于分子功能的有 5 611个。生物过程主要包括细胞过程、响应过程、增殖过程、细胞组分组成与生物合成、生长、代谢过程、发育过程、生物过程调节、信号、多细胞生物过程、生物调节、定位和增殖等,细胞组分包括膜封闭腔、胞外区域部分、膜、细胞器和细胞等,分子功能包括分子功能调控子、分子转导活性、结合、催化活性、转运活性和结构分子活性等,可见图 2-8。

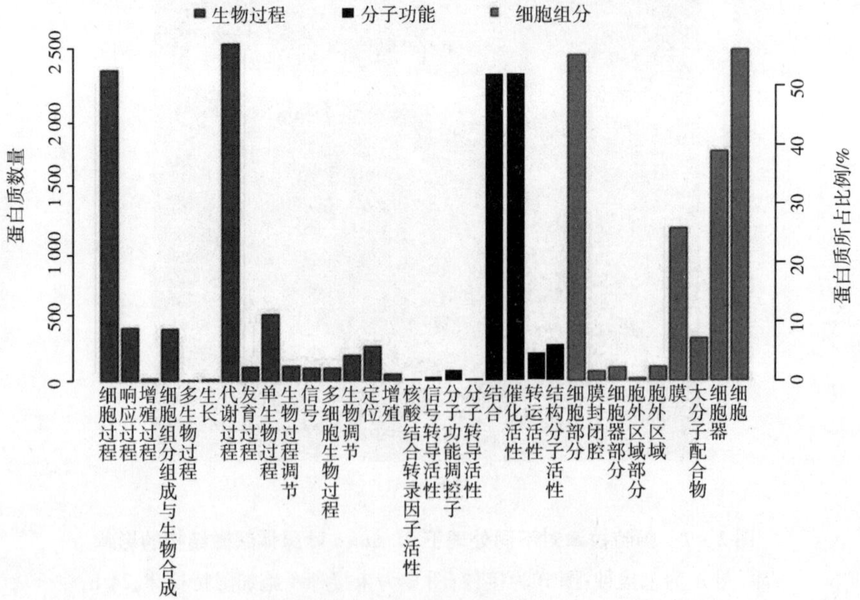

图 2-8 GO 功能注释结果

KEGG 通路注释结果(图 2 -9)显示,参与蛋白质数量较多的通路是核糖体、碳代谢、氨基酸合成、剪切体、内质网蛋白质加工、氧化磷酸化、糖酵解、RNA 转运、丙酮酸代谢、苯丙素生物合成等代谢途径。其中参与光合作用(photosynthesis,map00195)的蛋白质数量为 62 个,参与光合生物的碳固定(carbon fixation in photosynthetic organisms,map00710)的蛋白质数量为 60 个。

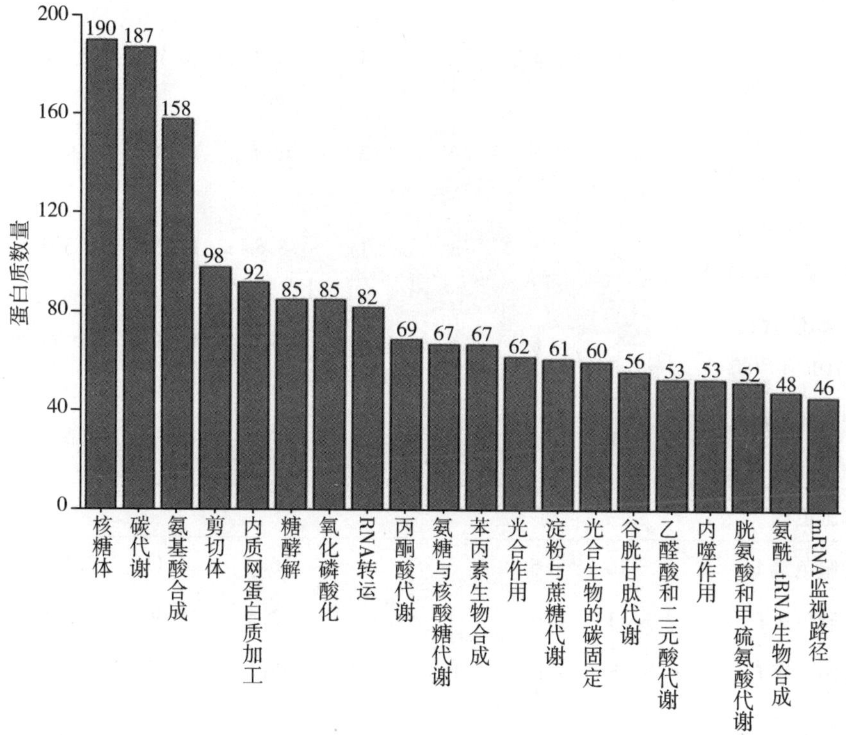

图 2 -9　KEGG 通路注释结果

由于阿特拉津的作用原理为抑制光合作用,因此对参与光合作用的蛋白质进行了着重分析,如表 2 -3 所示。

表2-3 参与光合作用的蛋白质表达谱

	蛋白质数	肽段数	Razor肽段数	唯一肽段数	序列覆盖度/%	分子质量/ku	基于强度的绝对定量
光合电子传递							
2Fe-2S铁氧还蛋白超家族蛋白	1	1	1	1	12.9	16.399	11 244 000
2Fe-2S铁氧还蛋白超家族蛋白	1	4	4	4	36.6	16.788	72 395 000
2Fe-2S铁氧还蛋白超家族蛋白	1	3	3	3	15.5	15.825	4.96E+08
2Fe-2S铁氧还蛋白超家族蛋白	3	1	1	1	8.8	17.227	7 305 800
铁氧还蛋白-NADP还原酶	3	6	6	6	25.1	42.492	58 466 000
铁氧还蛋白-NADP还原酶	5	15	15	15	47.1	40.303	4.65E+09
细胞色素							
细胞色素b6	10	5	5	4	26.8	26.115	2.45E+09
细胞色素f	11	14	1	1	42.5	35.300	3.25E+08
细胞色素f	1	15	15	2	49.1	35.336	1.99E+09
细胞色素b559亚基α	11	4	4	4	48.2	9.4005	8.22E+09
细胞色素b6-f复合体铁-硫亚基	1	6	6	6	37.1	23.899	2.47E+09
细胞色素b6-f复合体亚基Ⅳ	7	1	1	1	5.7	19.077	8.59E+08
质体蓝素	2	3	3	3	38.9	17.081	7.96E+09
捕光复合体Ⅰ叶绿体A/B-结合蛋白	2	4	4	4	17.8	28.883	2.37E+09

续表

	蛋白质数	肽段数	Razor 肽段数	唯一肽段数	序列覆盖度/%	分子质量/ku	基于强度的绝对定量
光系统Ⅰ							
光系统Ⅰ反应中心亚基Ⅱ	2	9	9	9	48.8	23.048	2.38E+09
光系统Ⅰ反应中心亚基Ⅲ	7	6	6	6	30.4	24.691	2.59E+09
光系统Ⅰ反应中心亚基Ⅴ	2	3	3	3	15.4	17.72	9.57E+08
光系统Ⅰ反应中心亚基ⅣA	2	4	4	4	33.8	15.485	1.39E+09
光系统Ⅰ反应中心亚基ⅣA	2	1	1	1	14.5	15.011	27668000
光系统Ⅰ反应中心亚基Ⅹ psaK	3	1	1	1	6.9	13.303	4.19E+08
光系统Ⅰ反应中心亚基Ⅸ	1	3	3	3	10.3	22.918	1.4E+09
光系统Ⅰ反应中心亚基Ⅵ	1	3	3	3	12.9	15.563	4.65E+08
光系统Ⅰ反应中心亚基 N	1	5	5	5	32.6	18.491	1.75E+09
光系统Ⅰ P700 叶绿素 A 载脂蛋白 A2	17	23	23	11	17.2	168.02	1.93E+09
光系统Ⅰ P700 叶绿素 A 载脂蛋白 A2	3	13	1	1	9.7	160.31	84 329 000

续表

	蛋白质数	肽段数	Razor 肽段数	唯一肽段数	序列覆盖度/%	分子质量/ku	基于强度的绝对定量
光系统Ⅱ							
光系统Ⅱ蛋白 D1	16	9	9	9	26.3	38.961	9.42E+09
光系统Ⅱ D2 蛋白	3	14	14	0	21.1	88.358	1.18E+10
光系统Ⅱ D2 蛋白	7	5	1	1	20.4	39.535	1.84E+09
光系统Ⅱ反应中心 Psb28 蛋白	3	4	4	4	26.9	20.491	6.89E+08
光系统Ⅱ反应中心 PsbP 蛋白	3	2	2	2	9.4	27.139	15 814 000
光系统Ⅱ反应中心蛋白 H	8	4	1	1	36.1	7.698	3.18E+08
光系统Ⅱ反应中心蛋白 H	1	4	3	0	20.2	13.328	4.33E+09
光系统Ⅱ反应中心蛋白 L	6	1	1	1	36.8	4.4971	1.12E+09
光系统Ⅱ CP47 反应中心蛋白	8	13	13	13	34.4	55.995	7.42E+09
光系统Ⅱ 10 ku PsbR 蛋白	2	3	3	3	19.9	14.105	8.89E+09
光系统Ⅱ Pbs27 蛋白	2	4	4	4	33.5	18.717	1.03E+09
光系统Ⅱ 44 ku 蛋白	9	11	1	1	26.7	53.622	54 772 000
光系统Ⅱ放氧增强蛋白	2	18	5	5	62	34.916	2.67E+08
光系统Ⅱ放氧增强蛋白	1	20	20	7	62.9	35.004	9.53E+09

续表

	蛋白质数	肽段数	Razor 肽段数	唯一肽段数	序列覆盖度/%	分子质量/ku	基于强度的绝对定量
ATP 合成酶							
ATP 合成酶亚基 α	2	22	22	1	52.0	55.751	1.59E+10
ATP 合成酶亚基 α，叶绿体	9	22	1	1	51.6	55.691	15 821 000
ATP 合成酶亚基 β，叶绿体	16	25	2	0	77.3	52.746	9E+08
ATP 合成酶亚基 a，叶绿体	10	3	3	2	13.4	27.482	3.56E+08
ATP 合成酶亚基 b，叶绿体	5	9	9	1	42.4	21.158	1.54E+09
ATP 合成酶亚基 c，叶绿体	7	2	2	2	59.3	8.049	57 289 000
ATP 合成酶 CF0 亚基 B	5	9	1	1	39.9	22.184	50 316 000
ATP 合成酶 F0 亚基 B	2	8	8	8	31.6	23.050	1.5E+09
ATP 合成酶 CF1 亚基 β	1	25	1	1	81.2	52.549	3 036 200
ATP 合成酶 CF1 亚基 ε	11	13	7	6	92.0	15.203	1.39E+09
ATP 酶亚基 8	3	3	3	3	23.1	18.192	1.03E+08
F0F1 型 ATP 合成酶亚基 β	5	27	1	0	65.6	64.653	1.89E+08
F0F1 型 ATP 合成酶亚基 β	1	14	1	0	29.7	64.510	2 641 500
F0F1 ATP 合成酶亚基 γ	1	2	1	1	8.3	38.897	1 852 000

续表

	蛋白质数	肽段数	Razor 肽段数	唯一肽段数	序列覆盖度/%	分子质量/ku	基于强度的绝对定量
F0F1 ATP 合成酶亚基 γ	4	13	13	12	14.5	111.700	1.27E+09
H^+ -转运子 ATP 酶，α/β 亚基，中心	2	28	28	0	63.2	66.639	1.2E+10
放氧增强蛋白							
放氧增强蛋白 2-1	3	11	11	11	46.0	28.160	6.03E+09
放氧增强蛋白	2	3	3	3	15.3	30.478	55 788 000
放氧增强蛋白	2	2	2	2	7.0	25.868	5 959 600
放氧增强蛋白	2	6	6	6	27.6	24.952	1.02E+10
放氧增强蛋白 2-1	1	3	3	3	12.3	29.207	6.27E+08
放氧增强复合体/类囊体 25.6 ku 蛋白	2	8	8	8	36.2	26.787	6.18E+08

2.4 讨论

2.4.1 丛枝菌根真菌对胁迫下植物光合作用相关参数的影响

在不同的研究中，由于丛枝菌根真菌菌种、除草剂种类及施加量不同，关于丛枝菌根真菌侵染影响的研究结果不尽相同，有的表现为抑制作用，有的表现为促进作用，或者没有任何影响。可见，关于除草剂与丛枝菌根真菌之间的相互作用机制仍不十分清楚。对于 *F. mosseae* 来说，施加除草剂甲草胺

(alachlor)和草甘膦(glyphosate)后,在28天之内,*F. mosseae* 在花生根系中的定殖、根内菌丝发育均未受到影响。另外,当土壤中阿特拉津浓度为 5 mg · kg^{-1}时,*G. caledonium* 的侵染率高达68.1%。接种 *G. etunicatum* 去除 50 mg · kg^{-1}阿特拉津的过程中,*G. etunicatum* 仍保持较高的侵染率。因此,丛枝菌根真菌对处于阿特拉津胁迫下的宿主植物的作用仍然是十分显著的。虽然本书未对 *F. mosseae* 与阿特拉津之间的相互作用做调查,但根据其他丛枝菌根真菌的数据可知,在阿特拉津施加的48 h之内,阿特拉津对 *F. mosseae* 的影响是非常小的。鉴于此,本书中 *M. sativa* 的光合作用相关参数、叶绿素含量和叶绿体超微结构在接种处理中与未接种处理中不同被认为是由 *F. mosseae*直接引起的。

之前,Baslam 和 Goicoechea 证明了接种 *F. mosseae* 和 *G. intraradices* 显著地提高了 *M. sativa* 的净光合速率,同时,*M. sativa* 的气孔导度在接种集球囊霉(*G. fasciculatum*)、黏性球囊霉(*G. viscosum*)以及 *F. mosseae* 与 *G. intraradices* 混合物之后也显著提高。本书结果与上述报道趋势一致,即与未接种处理相比较,接种 *F. mosseae* 可以显著提高 *M. sativa* 的净光合速率和气孔导度。作为光合抑制类除草剂,阿特拉津对气孔导度表现出抑制作用。本书中的净光合速率和气孔导度显著降低的趋势与阿特拉津对其他靶向杂草的影响一致,如藜(*Chenopodium album*)和巴拉草(*Brachiaria mutica*)。此外,单独接种 *F. mosseae* 可以显著缓解阿特拉津对 *M. sativa* 净光合速率和气孔导度的抑制作用。

叶绿素含量是植物光合速率的主要影响因素。在本书中,接种 *F. mosseae* 提高了叶绿素 a、叶绿素 b 和类胡萝卜素含量,但不显著。然而,关于接种丛枝菌根真菌对叶绿素含量的影响存在相悖结果,如有研究人员发现接种 *F. mosseae*显著降低了番茄中叶绿素 a 和叶绿素 b 含量,但对类胡萝卜素含量没有影响。然而另有研究表明,同样以番茄作为宿主植物,接种 *F. mosseae* 增加了叶绿素 a 和叶绿素 b 含量,虽然不显著。此外,水稻接种异形根孢囊霉(*R. irregularis*)、黑刺槐接种 *G. versiforme* 均显著提高了叶绿素含量。这可能是由于丛枝菌根真菌具有调节源汇关系的功能,即通过促进碳水化合物和矿质元素的交换,提高了宿主植物的光合速率,从而补偿了丛枝菌根真菌对碳素的需求。在本书中,叶绿素含量被认为是促进菌根化 *M. sativa* 提高净光合速率的主要因子之一。

相对于叶绿素含量和其他植物生理指标，叶绿素荧光参数更加敏感，广泛用于植物对非生物胁迫的响应和适应机制研究。在本书中，F_v/F_m在接触阿特拉津之后显著降低。阿特拉津对 Φ_{PSII} 的抑制作用在藻类中也有大量的报道，如三角褐指藻（*Phaeodactylum tricornutum*）、莱茵衣藻（*Chlamydomonas reinhardtii*）和近具刺链带藻（*Desmodesmus subspicatus*）。阿特拉津对 *M. sativa* 光系统Ⅱ的抑制作用与其对藻类的作用趋势一致。此外，在本书中，与未接种的 *M. sativa* 相比，接种 *F. mosseae* 处理可以缓解阿特拉津对 *M. sativa* 光系统Ⅱ的抑制作用。该结果与接种 *G. intraradices*、盐胁迫及其互作均显著影响番茄的光化学活性趋势一致。Hajiboland 等人认为丛枝菌根真菌仅维持在胁迫下叶片的光化学活性，但没有增加能量捕获的潜在能力。例如接种 *R. irregularis* 使得处于砷酸盐和亚砷酸盐胁迫下的水稻保持较高的 F_v/F_m 和 Φ_{PSII}。

2.4.2 丛枝菌根真菌对胁迫下植物光合结构的影响

除了对光合作用和光系统Ⅱ的破坏，本书还揭示了阿特拉津对叶绿体结构的影响。如叶绿体超微结构图片所示，参与光合作用的嗜锇颗粒和类囊体膜发生了变化。嗜锇颗粒是永久性结合在类囊体膜上的脂滴，并与类囊体膜共享二者双向分子功能通道。在干旱、高盐、冷冻等胁迫过程中，嗜锇颗粒体积变大，同时嗜锇颗粒互联集群且仍然保持锚定在类囊体膜上的状态，该现象与本书中受阿特拉津胁迫 24 h 后的结构变化一致。类囊体腔发生膨胀和基粒片层结构垛叠解离可能是对胁迫的一种适应性响应。阿特拉津胁迫 48 h 后，嗜锇颗粒体积发生萎缩，但其数量增加，这可能是由于脂质在嗜锇颗粒疏水核中积聚。当嗜锇颗粒聚集并从类囊体膜分离时，它的物理结构已经被破坏。阿特拉津胁迫 48 h 后，类囊体膜也发生了分解，这与在其他胁迫下的表现一致。在本书中，接种 *F. mosseae* 在一定程度上可以维持基粒片层结构垛叠。总之，这些超微结构图片验证了接种 *F. mosseae* 对光系统Ⅱ的促进作用可能是由于相对数量较多的嗜锇颗粒和基粒片层结构垛叠。这种变化有利于叶绿体免受阿特拉津造成的氧化破坏，进而增强叶绿体的生理功能。

2.5 本章小结

本书结果表明，接种 *F. mosseae* 可以缓解阿特拉津对 *M. sativa* 净光合速率和气孔导度的抑制作用，同样，接种 *F. mosseae* 改变了受阿特拉津胁迫 *M. sativa*的 F_v/F_m和 Φ_{PSII}。另外，透射电子显微镜照片显示了接种 *F. mosseae* 增加了叶绿体中嗜锇颗粒的数量和基粒的垛叠程度。

因此，本书认为 *F. mosseae* 减轻了阿特拉津对叶绿体功能和结构的毒性，保护了光系统反应中心，使植物能更好地利用光化学反应过程中的光能。与此同时，本书构建了 *M. sativa* 叶片光合作用相关的蛋白质表达谱，为进一步从蛋白质水平揭示接种 *F. mosseae* 缓解阿特拉津对 *M. sativa* 毒害作用的机理奠定了基础。

3

F. mosseae – *M. sativa* 共生体代谢产物对阿特拉津胁迫的响应

3.1 概述

有大量研究表明,接种丛枝菌根真菌可以引起植物体内初级代谢产物和次级代谢产物含量的变化。接种 *G. fasciculatum* 提高了莴苣的酚类化合物含量。接种 *G. intraradices* 或 *F. mosseae* 可以改变番茄根系中酚酸含量,如咖啡酸和绿原酸含量降低、阿魏酸含量升高。丛枝菌根真菌可以显著改变处于胁迫下的宿主植物的相关次级代谢产物含量,有益于增强植物抵御外界胁迫的能力。例如,接种 *F. mosseae* 可缓解盐胁迫对黄瓜生长的抑制作用,且增加了抗坏血酸(ASA)含量。接种 *F. mosseae* 提高了黄瓜对冷害的耐受力,且提高了黄酮类、木质素等中间代谢产物含量。虽然已有一些研究报道了接种丛枝菌根真菌对 *M. sativa* 代谢水平上的响应,但对阿特拉津胁迫下接种丛枝菌根真菌后 *M. sativa* 根系代谢产物的表现还知之甚少。

阿特拉津在抑制光合电子传递过程的同时,还诱导了植物体内活性氧的迅速累积。为了清除活性氧和抑制氧化,植物体内会同时激发出酶类解毒机制和非酶类解毒机制。当玉米的茎和根受到阿特拉津胁迫时,抗氧化酶活性显著上调,如超氧化物歧化酶(SOD)、过氧化氢酶和过氧化物酶,非酶类抗氧化剂含量显著上调,如抗坏血酸和还原型谷胱甘肽(GSH)。研究人员发现,与植物茎部相比,根系对阿特拉津更加敏感。同时,也有大量的研究表明,接种丛枝菌根真菌可以通过提高植物抗氧化防御能力增强植物对非生物胁迫的耐受性,例如盐碱、干旱、低温冷害等。阿特拉津施加抑制了美人蕉叶片过氧化物酶和超氧化物歧化酶活性,接种*F. mosseae*缓解了阿特拉津带来的抑制作用。与抗氧化酶相比较,接种丛枝菌根真菌对宿主植物非酶类抗氧化剂影响的研究相对较少。植物内的非酶抗氧化剂有谷胱甘肽、tocochromanol、抗坏血酸、黄酮类化合物和类胡萝卜素等,它们通常具有较低的分子质量且辅助补充植物酶系防御系统。研究人员通过转录组分析发现,通过增加抗氧化剂硫氧还蛋白、谷氧还蛋白和愈创木酚过氧化物酶的表达等途径,阿特拉津施加使 *F. mosseae* – *M. sativa* 共生体产生较高的耐受力。但目前对 *F. mosseae* 引起的阿特拉津胁迫下 *M. sativa* 根系非酶类抗氧化剂的变化不是十分清楚。

鉴于此,本书利用非靶向代谢组学技术获得菌根化和非菌根化 *M. sativa* 根系在阿特拉津胁迫下的全面代谢指纹,一方面揭示了 *F. mosseae* 对阿特拉津胁迫下 *M. sativa* 根系初级代谢产物和次级代谢产物含量的影响,另一方面探究了 *F. mosseae* 对阿特拉津胁迫下 *M. sativa* 根系非酶类抗氧化剂的影响。

3.2 材料与方法

3.2.1 试验材料与试验设计

M. sativa 种子由黑龙江省农业科学院草业研究所提供,利用10% H_2O_2对种子表面消毒 10 min,在暗处催芽 24 h 后待播种。

培养基质为林下土、沙子、蛭石以 5∶2∶3 的比例混合,并在 121 ℃、0.1 MPa下灭菌 1.5 h,以灭活基质中携带的土著丛枝菌根真菌孢子。

供试丛枝菌根真菌为 *F. mosseae*,曾用名摩西球囊霉(*G. mosseae*),接种物由孢子、菌丝以及菌根片段组成,每克接种物中约有 25 个孢子,由黑龙江大学修复生态实验室扩繁保藏。

在盆栽试验中,将表面消毒和催芽后的 *M. sativa* 种子播于培养基质(混合 *F. mosseae*)中作为接种(FM)处理(5 盆),等量培养基质(混合灭活 *F. mosseae*)作为未接种(NM)处理(5 盆)。所有盆栽随机摆放于光照培养室中,光/暗周期是 16 h/8 h,平均温度是 25 ℃/20 ℃,相对湿度 60%,添加蒸馏水维持培养基质含水量,不额外添加任何肥料。

M. sativa 播种 20 天后,发现接种处理中的 *F. mosseae* 侵染率高达 90%,然后向培养基质中添加阿特拉津,添加浓度为 1 kg 培养基质中 10 mg 阿特拉津。

3.2.2 根系非靶向代谢组学分析

3.2.2.1 根系样品与质控(QC)样本制备

在 *M. sativa* 播种 30 天时,将阿特拉津胁迫下的接种处理和未接种处理的鲜根分别在液氮中研磨成粉末,然后将 80 g 粉末悬浮于 1.4 mL 80% 甲醇中,超声 1 h 之后,以 14 000 g、4 ℃离心 15 min。把上清液分装于离心管内,每管 560 μL,真空浓缩干燥之后,置于 –80 ℃保存。

质控样本制备:分别取每个样品 50 mg 混合为质控样本,用于测定进样前仪器状态及平衡液相色谱 – 质谱系统,并用于评价整个试验过程中的系统稳定性。

3.2.2.2 液相色谱 – 质谱联用分析

本研究采用超高效液相色谱(ultra – high performance liquid chromatography,UPLC) – 质谱(mass spectrometry,MS)联用技术对根系进行非靶向代谢组学分析。分别进行亲水作用液相色谱(hydrophilic interation liquid chromatography,HILIC)与反相液相色谱(reversed phase liquid chromatography,RPLC)分析,洗脱液分别进行质谱电喷雾电离(electrospray ionization,ESI)的正电离(ESI^+)与负电离(ESI^-),具体分析参数如表 3 – 1 所示。

表 3－1　UPLC－Q－TOF－MS 分析参数

UPLC	正向洗脱			反向洗脱		
洗脱程序	时间	A_1/%	B_1/%	时间	A_2或A_3/%	B_2或B_3/%
	1.0 min	25	85	1.5 min	99	1
	12.0 min	35	65	13.0 min	1	99
	12.1 min	60	40	16.5 min	1	99
	15.0 min	60	40	16.6 min	99	1
	15.1 min	15	85	20.0 min	99	1
	20.0 min	15	85			
流速/($mL\cdot min^{-1}$)	0.3			0.3		
体积/μL	2			2		
色谱柱	2.1 mm×100 mm，1.7 μm			2.1 mm×100 mm，1.8 μm		
Q－TOF－MS	ESI^+/ESI^-			ESI^+/ESI^-		
源气	60/60			40/80		
气帘气	20			30		
温度/℃	600			650		
电压/kV	±5.5			±5.0		
MS 扫描	50～1 000			60～1 000		
时间/s	0.20			0.20		
子离子扫描	25～1 000			25～1 000		
时间/s	0.05			0.05		

注：洗脱液 A_1 为 25 mmol/L 乙酸铵与 25 mmol/L 氨水，溶剂 B_1 为乙腈，洗脱液 A_2 为 0.1% 甲酸，溶剂 B_2 为 0.1% 甲酸与乙腈，洗脱液 A_3 为 0.5 mmol/L 氟化铵，溶剂 B 为乙腈。

3.2.2.3 数据处理与分析

原始数据经开源软件 ProteoWizard 转换成 mzML 格式，然后导入 XCMS 程序进行峰对齐、保留时间校正和峰面积提取。峰的选择方法为 method = "centWave"、ppm = 25、peakwidth = c(10, 60)、prefilter = c(10, 100)。峰的分组方法为 bw = 5 和 mzwid = 0.025。代谢产物结构鉴定采用精确质量数匹配(<25 ppm)和 MS/MS 谱图匹配的方式，比对 HMDB 数据库和自建数据库。对 XCMS 程序提取得到的数据，删除组内缺失值 >50% 的离子峰。采用 AutoScaling 方法进行归一化，然后应用 MetaboAnalysis 软件进行多维统计分析和单维统计分析，包括无监督主成分分析(PCA)、有监督偏最小二乘法判别分析(PLS – DA)、t 检验和变异倍数(FC)分析。通过计算变量投影重要度(VIP)来衡量各代谢产物的表达模式对各组样本分类判别的影响强度和解释能力。差异代谢产物的筛选是根据 VIP 值和双尾 t – 检验(p 值)，当 $VIP > 1$ 且 $p < 0.05$ 时，定义该化合物为不同处理间的差异代谢产物。当 $FC > 2.0$ 时，代谢产物在接种处理中下调，当 $FC < 0.5$ 时，代谢产物在接种处理中上调。

3.3 结果与分析

3.3.1 根系样品与质控样本评价

接种处理样品与未接种处理样品经代谢产物离子峰提取后，分别获得 11 822个峰(HILIC + ESI^+、T3 + ESI^+)和 21 221 个峰(HILIC + ESI^-、T3 + ESI^-)。PLS – DA 模型经 10 次循环交互验证得到的模型评价参数 R^2 和 Q^2 分别大于 0.999 98 和 0.656 67，可见表 3 – 2。另外，质控样本紧密聚集在一起，并位于接种处理样品和未接种处理样品的中间(图 3 – 1)，表明本试验重复性好。由此可知，本次试验的仪器分析系统稳定性较好，试验数据稳定可靠。在试验中获得的代谢谱差异能反映不同处理样品自身的生物学差异。

表 3-2　PLS-DA 模型评估参数

	PC 数	R^2	Q^2
HILIC + ESI^+	4	0.999 98	0.656 67
HILIC + ESI^-	5	1	0.896 70
T3 + ESI^+	4	0.999 98	0.882 88
T3 + ESI^-	5	1	0.856 18

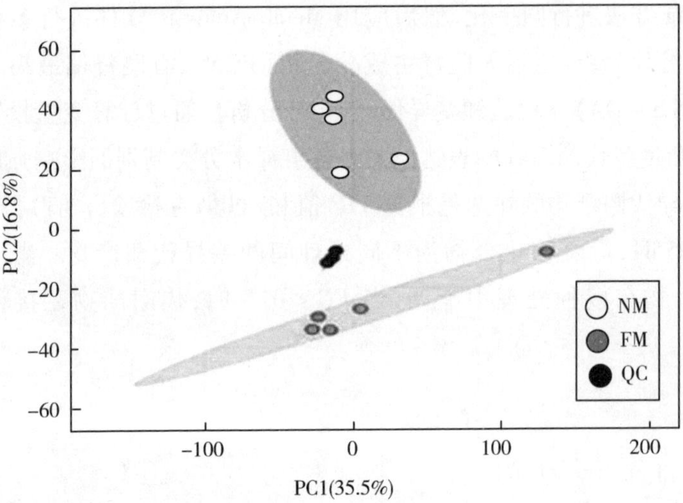

A

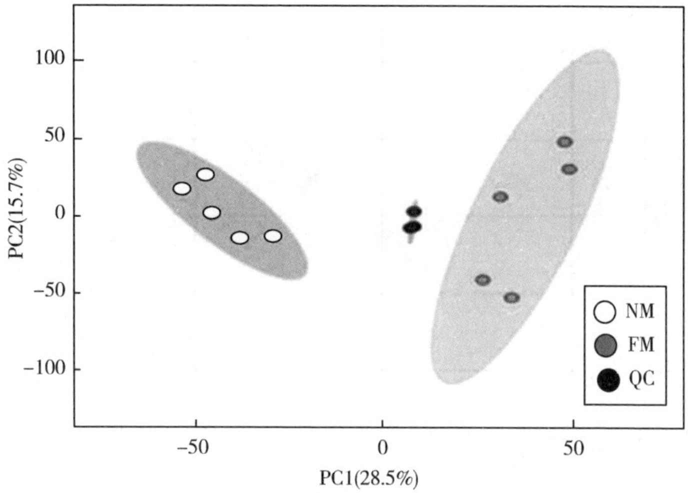
100
50
0
−50
−100
PC2(15.7%)
NM
FM
QC
−50
0
50
PC1(28.5%)

B

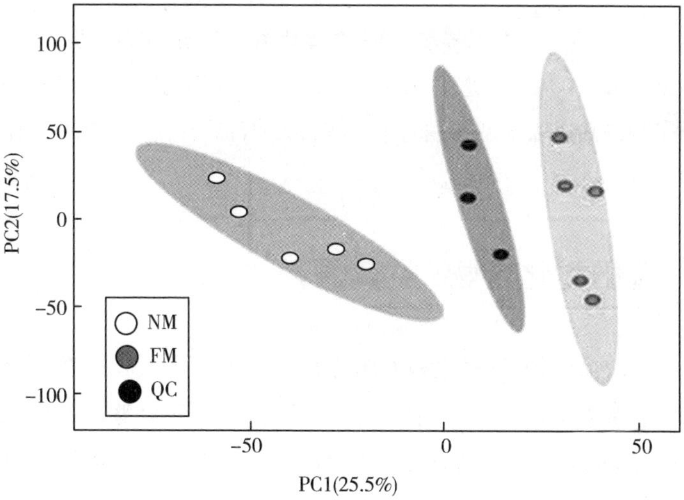
100
50
0
−50
−100
PC2(17.5%)
NM
FM
QC
−50
0
50
PC1(25.5%)

C

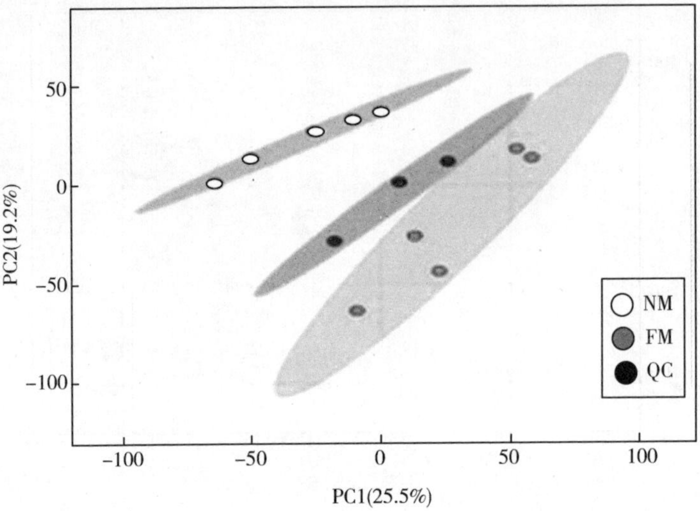

D

图 3-1 根系样品与质控样本代谢产物的主成分分析

注:图 A、B 为 HILIC 洗脱并进行正负电离,图 C、D 为使用色谱柱 HSS T3 并进行正负电离,接种处理(FM)样品为灰点,未接种处理(NM)样品为白点,质控(QC)样本为黑点。

3.3.2 黄酮类化合物(类黄酮)

如表 3-3 所示,在菌根化和非菌根化根系中存在大量的黄酮类化合物及其衍生物。首先将该类差异代谢产物主要分为香豆素类(coumestans)、O-methylated isoflavonoids 和 isoflavonoid-O-glycosides、O-methylated flavonoids 和黄酮苷(flavonoid glycosides)等几类。

除了香蜂草苷(didymin)、柚皮苷(naringin)和橙皮苷(hesperidin)之外,其他黄酮类化合物及其衍生物在菌根化根系中都表现为显著上调($p<0.05$)。大部分的黄酮类化合物都是以甲基化和糖基复合物形式存在的,如橙皮苷、苜蓿素-7-O-葡萄糖苷和异泽兰黄素(eupatilin)。另外,如 6″-O-乙酰黄豆苷、6″-O-malonyldaidzin 和 2″,6″-di-O-acetylononin 可以避免被酶分解、改变化合物的脂溶性,并且作为分子标记促进复合物的有

效液泡吸收。

根据 *M. sativa* 的黄酮类化合物生物合成途径以及本书发现的差异黄酮类化合物及其衍生物种类，拟合成了在阿特拉津胁迫下，接种 *F. mosseae* 诱导黄酮类化合物的生物合成途径（图 3 – 2）。黄酮醇衍生物（flavonols derivates）是由黄烷酮（flavanone）经二氢黄酮醇（dihydroflavonol）代谢而来的，该过程由黄烷酮 – 3 – 羟化酶（flavanone – 3 – hydroxylase）和黄酮醇合成酶（flavonol synthase）催化实现。同时，黄烷酮经黄酮醇合成酶直接催化合成黄酮（flavone）及其衍生物。接下来，黄酮类化合物生物合成始于异黄酮合成酶（isoflavone synthase）将一个氧化芳基由 C – 2 位迁移至 C – 3 位，然后在 *M. sativa* 菌根化根系中，medicarpin – 3 – O – (6′ – malonylglucoside) 和 pterocarpan 衍生物的生物合成得到了促进，是始于异黄酮（isoflavone）生成二氢异黄酮。其中 medicarpin – 3 – O – (6′ – malonylglucoside) 能够进一步转化为异黄烷（isoflavan）及其衍生物，以及通过氧化过程转化为香豆素类。

表 3 – 3 阿特拉津胁迫下 *F. mosseae* 诱导 *M. sativa* 根系生成的黄酮类化合物及其衍生物

	FC	*p*	*m/z*	保留时间/s	色谱柱，电离方式
香豆素类					
coumesterol	0.45	* *	267.03	116.07	HIL, NEG
coumesterol	0.48	*	267.03	348.11	T3, NEG
3 – O – methylcoumestrol	0.40	* *	283.06	522.67	T3, POS
9 – O – methylcoumestrol	0.37	* *	281.05	522.43	T3, NEG
trifoliol	0.49	*	299.05	489.68	T3, POS
3,8 – 二羟基 – 9 – 甲氧基香豆雌烷	0.49	* *	297.04	353.72	T3, NEG
O – methylated isoflavonoids					
2′ – 羟基芒柄花黄素	0.31	* * *	283.06	452.90	T3, NEG
vestitone	0.35	*	285.08	339.09	T3, NEG

续表

	FC	*p*	*m/z*	保留时间/s	色谱柱，电离方式
2′,5－二羟基－4′,7－二甲氧基异黄酮	0.44	**	315.09	50.66	HIL，POS
2′,7－二羟基－4′,5′－二甲氧基异黄酮	0.43	***	313.07	46.15	HIL，NEG
二氢芒柄花黄素	0.42	*	271.10	81.90	HIL，POS
6－O－methylequol	0.46	*	271.10	529.86	T3，NEG
5′－hydroxy－3′－methoxysativan	0.30	**	333.13	522.03	T3，NEG
4′－methoxy－2′,3,7－trihydroxyisoflavanone	0.45	*	301.07	652.16	T3，NEG
7－hydroxy－2′,3′,4′－trimethoxyisoflavan	0.33	**	301.07	464.31	T3，POS
isoflavonoid－O－glycosides					
芒柄花苷	0.30	**	429.12	412.03	T3，NEG
芒柄花苷	0.29	**	431.13	411.10	T3，POS
6″－O－乙酰黄豆苷	0.30	*	457.11	233.22	HIL，NEG
medicarpin－3－O－(6′－malonylglucoside)	0.42	*	519.15	81.80	HIL，POS
medicarpin－3－O－(6′－malonylglucoside)	0.49	*	517.14	359.42	T3，NEG
medicarpin－3－O－(6′－malonylglucoside)	0.47	*	519.15	465.63	T3，POS
O－methylated flavonoids					
3,3′,7－trihydroxy－4′－methoxyflavone	0.34	**	301.07	464.31	T3，POS
3,4′,5,7－tetrahydroxy－6－methoxyflavone	0.45	***	315.05	419.11	T3，NEG

续表

	FC	*p*	*m/z*	保留时间/s	色谱柱，电离方式
5 – hydroxy – 4′,7,8 – trimethoxyflavone	0.48	* *	329.10	701.61	T3, POS
5,7 – dihydroxy – 4′ – methoxy – 8 – methylflavanone	0.40	*	299.09	568.16	T3, NEG
trigraecum	0.31	* *	267.07	412.03	T3, NEG
柽柳黄素	0.49	* * *	317.07	573.43	T3, NEG
xanthomicrol	0.25	* * *	343.08	615.32	T3, NEG
异泽兰黄素	0.39	* * *	345.09	615.30	T3, NEG
万寿菊素	0.47	*	331.05	67.34	HIL, NEG
jaceidin	0.44	* * *	359.08	132.74	HIL, NEG
heteroflavanone A	0.38	* *	359.11	108.51	HIL, NEG
黄酮苷					
苜蓿素 – 7 – O – 葡萄糖苷	0.44	*	491.12	209.56	HIL, NEG
neolicuroside	0.38	*	551.18	93.67	HIL, POS
香蜂草苷	2.36	* * *	593.19	279.18	T3, NEG
香蜂草苷	2.44	* * *	593.19	331.44	HIL, NEG
2′,4′,6′ – trihydroxydihydrochalcone – 4′ – glucoside	0.43	* * *	419.14	310.38	T3, NEG
kaempferol – 4′ – glucoside – 7 – rhamnoside	0.44	* * *	593.15	333.18	T3, NEG
rhamnazin – 3 – rutinoside	0.50	* * *	637.18	368.27	T3, NEG
柚皮苷	17.17	* * *	579.17	312.69	HIL, NEG
橙皮苷	2.11	*	609.19	484.50	HIL, NEG
eujambolin	0.37	* *	519.11	270.06	HIL, NEG

注：* 为 $p<0.05$，* * 为 $p<0.01$，* * * 为 $p<0.001$。HIL 为亲水作用液相色谱，T3 为反相液相色谱，NEG 为负电离，POS 为正电离。

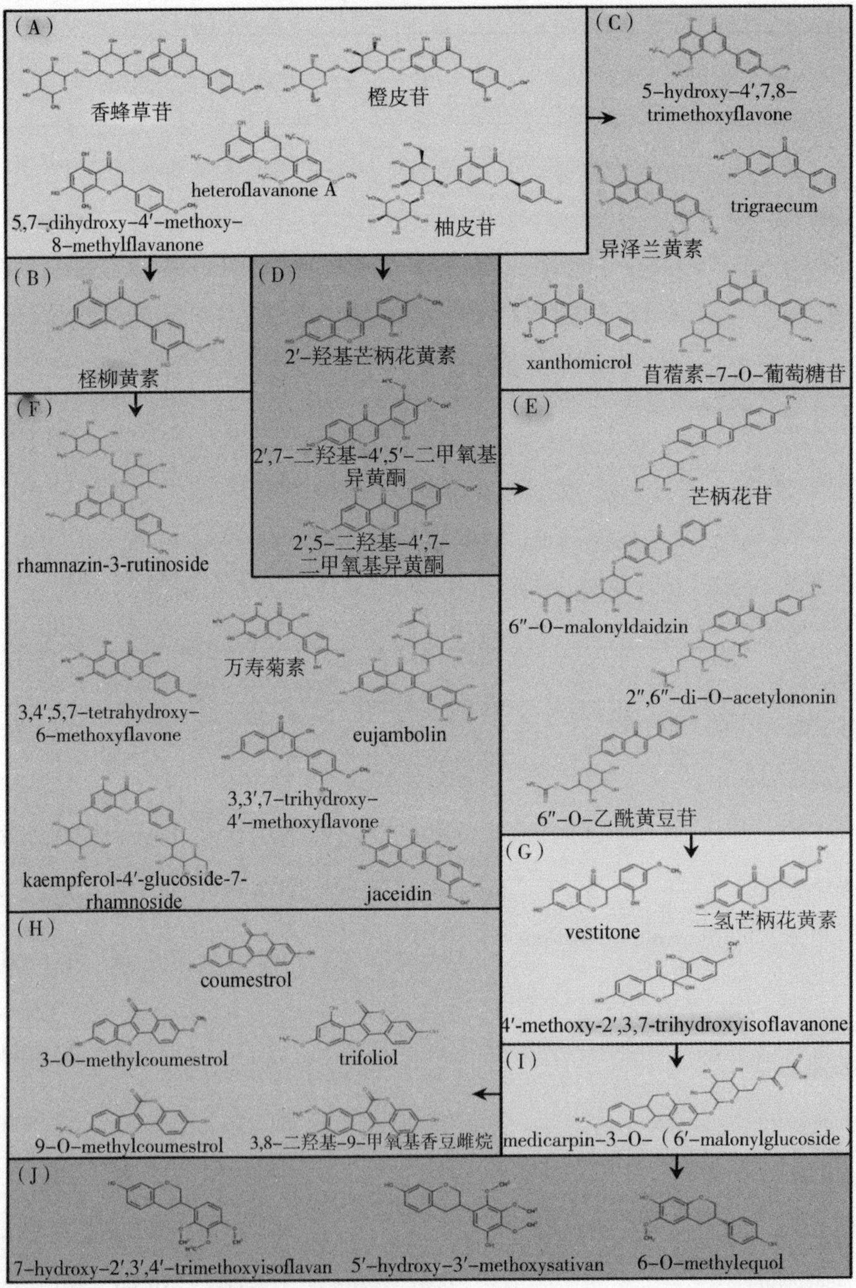

图 3-2　阿特拉津胁迫下 *F. mosseae* 诱导

***M. sativa* 黄酮类化合物的生物合成途径**

3.3.3 植物生长调节剂

常见的植物生长调节剂如吲哚–3–乙酸(IAA)、吲哚–3–丁酸(IBA)、水杨酸(SA)、脱落酸(ABA)、细胞分裂素、赤霉素和独脚金内酯等,在接种处理与未接种处理中,这些植物生长调节剂的表达均未呈现显著差异。如表3–4所示,吲哚及其衍生物在接种处理中呈显著下调($p<0.05$),茉莉酸在接种处理中呈显著下调($p<0.05$),茉莉酸衍生物 methyl 7–epi–12–hydroxyjasmonate glucoside 在接种处理中呈显著上调($p<0.05$)。

表 3–4 阿特拉津胁迫下 *F. mosseae* 诱导 *M. sativa* 根系生成的植物生长调节剂

	FC	*p*	*m/z*	保留时间/s	色谱柱,电离方式
吲哚及其衍生物					
吲哚	2.52	* *	118.06	291.04	T3, POS
吲哚丙烯酸	3.42	*	188.07	202.54	HIL, POS
吲哚丙烯酸	3.07	* *	188.07	286.75	T3, POS
indoleacrylic glycine	2.69	* *	245.09	313.38	HIL, POS
indoleacrylic glycine	3.18	* * *	245.09	382.16	T3, POS
1–methyl–3–(2–thiazolyl)–1H–indole	2.36	* * *	213.05	203.31	HIL, NEG
1H–indole–3–carboxaldehyde	2.72	*	146.06	286.75	T3, POS
吲哚乙醛	3.15	* *	158.06	495.65	T3, NEG
L–N–(1H–indol–3–ylacetyl) glutamic acid	3.21	* *	303.10	353.39	T3, NEG
L–N–(1H–indol–3–ylacetyl) glutamic acid	3.12	* * *	305.11	436.48	T3, POS

续表

	FC	p	m/z	保留时间/s	色谱柱，电离方式
茉莉酸类					
茉莉酸	3.67	* * *	209.12	78.88	HIL, NEG
methyl 7 - epi - 12 - hydroxyjasmonate glucoside	0.42	* *	401.18	316.59	HIL, NEG

注：* 为 $p<0.05$，* * 为 $p<0.01$，* * * 为 $p<0.001$。HIL 为亲水作用液相色谱，T3 为反相液相色谱，NEG 为负电离，POS 为正电离。

本书拟合了在接种处理中表现下调的吲哚及其衍生物生物合成途径（图 3－3）。在依赖色氨酸的 IAA 合成途径中，接种处理中吲哚的显著下调抑制了 L－色氨酸合成（$p<0.05$）。之后 IAA 的前体物吲哚－3－乙醛（indole－3－acetaldehyde）减少，IAA－谷氨酸复合物需要大量转化为 IAA，以维持菌根化根系中 IAA 水平。

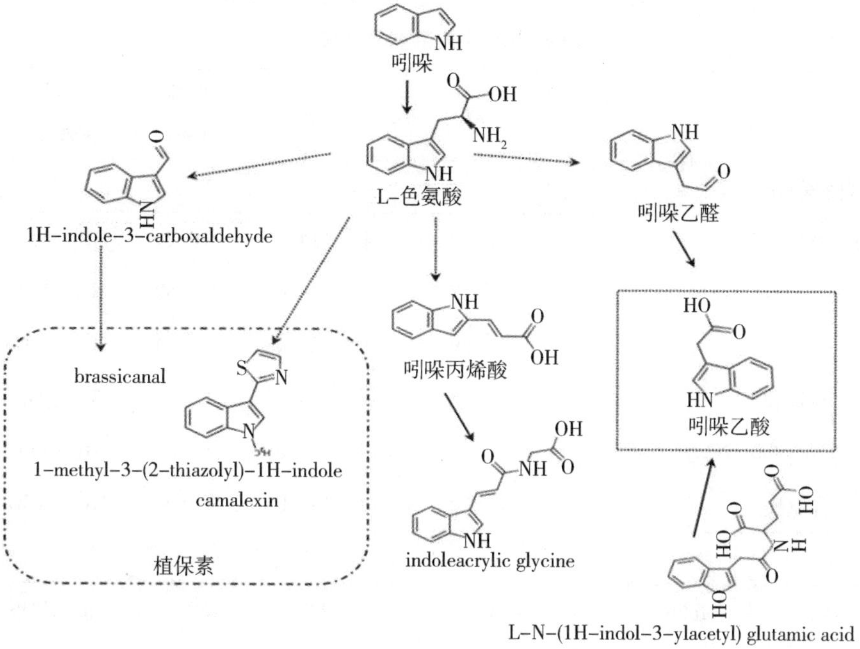

图 3-3 阿特拉津胁迫下 *F. mosseae* 诱导 *M. sativa* 吲哚及其衍生物的合成途径

3.3.4 氨基酸相关产物

如表 3-5 所示，接种处理中的 D-脯氨酸水平显著高于未接种处理（$p<0.05$），但 L-精氨酸、L-谷氨酸和 L-色氨酸在接种处理中呈显著下调（$p<0.05$）。在二肽中，除了 alanylglycine 和 glutamyl-glutamate，其他二肽在接种处理中呈显著上调（$p<0.05$）。此外，N 端乙酰化衍生物在接种处理中呈显著上调（$p<0.05$）。

表 3－5　阿特拉津胁迫下 *F. mosseae* 诱导 *M. sativa* 根系生成的氨基酸相关产物

	FC	*p*	*m/z*	保留时间/s	色谱柱，电离方式
自由氨基酸					
D－脯氨酸	0.12	* * *	114.06	310.24	HIL，NEG
	0.18	*	116.07	311.42	HIL，POS
L－色氨酸	2.59	*	203.08	260.64	T3，NEG
L－精氨酸	2.35	* * *	175.12	47.68	T3，POS
	2.47	*	203.08	199.09	HIL，NEG
L－谷氨酸	2.08	* * *	146.05	502.03	HIL，NEG
二肽					
L－leucyl－L－proline	0.36	*	229.15	159.79	HIL，POS
L－phenylalanyl－L－proline	0.29	* *	263.14	142.19	HIL，POS
phenylalanyl－arginine	0.48	*	322.19	369.72	HIL，POS
arginyl－lysine	0.42	* *	301.20	83.75	HIL，NEG
methionyl－leucine	0.40	*	263.14	91.25	HIL，POS
isoleucyl－tryptophan	0.49	*	318.18	75.59	HIL，POS
leucyl－valine	0.44	*	229.16	71.71	T3，NEG
tryptophyl－valine	0.50	* *	302.15	287.13	T3，NEG
alanylglycine	2.04	* * *	145.06	206.09	T3，NEG
glutamyl－γ－glutamate	0.46	*	275.11	149.01	HIL，POS
glutamyl－glutamate	3.36	* *	273.07	238.90	HIL，NEG
N 端乙酰化衍生物					
Ng－L－glutamyl－L－aspartic acid	0.41	*	261.07	295.53	HIL，NEG
N－nonanoylglycine	0.47	* *	216.16	296.14	T3，POS

续表

	FC	*p*	*m/z*	保留时间/s	色谱柱，电离方式
N – decanoylglycine	0.20	* * *	230.17	357.98	T3，POS
stearoylglycine	0.41	*	340.29	724.70	T3，NEG
N – acetyl – L – phenylalanine	4.38	* *	208.10	462.26	T3，POS
acetyl – DL – leucine	0.49	* * *	232.12	165.95	HIL，NEG
N – acetyl – L – methionine	0.48	* * *	190.05	115.50	HIL，NEG
N5 – acetyl – N2 – γ – L – glutamyl – L – ornithine	0.36	*	302.14	458.64	HIL，NEG

注：* 为 $p<0.05$，* * 为 $p<0.01$，* * * 为 $p<0.001$。HIL 为亲水作用液相色谱，T3 为反相液相色谱，NEG 为负电离，POS 为正电离。

此外，经比对 KEGG PATHWAY Database，本书中共有 5 种差异代谢产物参与赖氨酸代谢途径（KEGG，mtr00310），如图 3 – 4 所示，酵母氨酸（C00449）、(S) – 2,3,4,5 – tetrahydropyridine – 2 – carboxylate（C00450）和甲基哌啶（C00408）在接种处理中呈显著上调（$p<0.05$），N6 – 乙酰基 – L – 赖氨酸（C02727）和 2 – keto – 6 – acetamidocaproate（C05548）在接种处理中呈显著下调（$p<0.05$）。

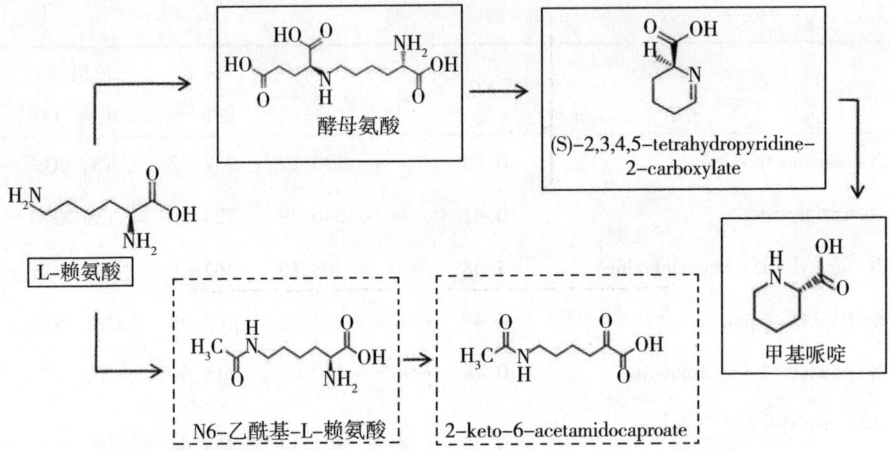

图 3-4 阿特拉津胁迫下 *F. mosseae* 诱导 *M. sativa* 赖氨酸的代谢途径

注:在菌根处理中代谢产物上调的用实线框,下调的用虚线框。

3.3.5 非酶类抗氧化剂

本书涉及的非酶类抗氧化剂主要包括 tocochromanol 衍生物、抗坏血酸和黄酮类化合物及其衍生物。如表 3-6 所示,13′-carboxychromanol(包括 13′-carboxy-γ-tocotrienol 和 13′-carboxy-α-tocotrienol)在接种处理中显著上调($p<0.05$)。另外,抗坏血酸经氧化形成的脱氢抗坏血酸在接种处理中显著下调($p<0.05$)。

表 3 – 6 阿特拉津胁迫下 *F. mosseae* 诱导 *M. sativa* 根系生成的非酶类抗氧化剂

	FC	*p*	*m/z*	保留时间/s	色谱柱，电离方式
tocochromanol 衍生物					
13′ – carboxy – γ – tocotrienol	0.44	*	441.30	645.06	T3，POS
13′ – carboxy – α – tocotrienol	0.49	*	453.30	810.21	T3，NEG
抗坏血酸衍生物					
脱氢抗坏血酸	2.05	*	173.01	506.08	HIL，NEG

注：* 为 $p<0.05$，* * 为 $p<0.01$，* * * 为 $p<0.001$。黄酮类化合物及其衍生物详见表 3 – 3。HIL 为亲水作用液相色谱，T3 为反相液相色谱，NEG 为负电离，POS 为正电离。

3.4 讨论

3.4.1 阿特拉津在植物体内的代谢

阿特拉津在植物体内经由羟基化作用、谷胱甘肽 S – 转移酶（GST）催化耦合以及细胞色素 P450 脱烷基等一系列过程，逐步实现了其对植物的减毒作用。在羟基化过程中，属于 benzoxazinones 的 2，4 – dihydroxy – 2H – 1、4 – benzoxazin – 3（4H）– one、2，4 – dihydroxy – 7 – methoxy – 2H – 1、4 – benzoxazin – 3（4H）– one 及其单糖基化和双糖基化形式在植物体内检测到，羟基阿特拉津、羟甲基阿特拉津（hydroxydeethylatrazine）也在植物体内检测到。另外，阿特拉津可以耦合谷胱甘肽和氨基酸，脱异丙基阿特拉津、脱乙基阿特拉津和脱异丙基羟基阿特拉津（deisopropylhydroxyatrazine，DMA）也同样可以耦合形成复合物，特别是在 *M. sativa* 植株内。然而，上述物质在植物体内的代谢产物在本书接种处理和未接种处理中未表现为差异显著（$p>0.05$）。因此,接种 *F. mosseae* 未增强 *M. sativa* 对阿特拉津的去除能力。

3.4.2 接种 *F. mosseae* 对植物生长调节剂代谢的影响

本书中,接种后显著下调的吲哚-3-甲醛和1-methyl-3-(2-thiazolyl)-1H-indole 均参与植保素 brassicanal 和 camalexin 的生物合成。虽然植保素通常被认为参与十字花科植物应对病原菌侵染、重金属、盐和紫外辐射的防御反应,但植保素相关化合物通常具有植物毒性,并定位于直接接触胁迫因子的植物组织。在本书中,*M. sativa* 根系直接接触阿特拉津,其根内细胞合成植保素,那么由此推测可知,接种 *F. mosseae* 可以降低植保素水平,以缓解其在 *M. sativa* 根内的毒性。

丛枝菌根真菌侵染可以改变植物内源的茉莉酸及其衍生物水平,特别是根系中的茉莉酮酸酯(jasmonates)。但茉莉酸对丛枝菌根真菌侵染效率的影响不一致,或促进,或抑制。在本书的接种处理中,茉莉酸和 methyl 7-epi-12-hydroxyjasmonate glucoside 分别呈显著下调和显著上调($p<0.05$)。由于 methyl 7-epi-12-hydroxyjasmonate glucoside 在叶片损伤处大量累积,因此 methyl 7-epi-12-hydroxyjasmonate glucoside 在本书中的增加可能是阿特拉津胁迫的结果。

3.4.3 接种 *F. mosseae* 对植物氮代谢的影响

氮素对植物生长起着非常重要的作用。氨基酸作为电子供体,与胁迫、防御机制紧密相关,协助氮素运输。其中脯氨酸作为能量池调节氧化还原电位、保护酶与细胞结构,具备重要的渗透调节功能。在本书中,接种处理中的脯氨酸上调与接种 *G. etunicatum* 玉米应对温度胁迫的结果表现一致。除了氨基酸,二肽也是能在植物体内运输的氮源。许多植物的 NFP 能够运输一系列底物,如硝酸盐、肽、氨基酸、二羧酸盐、硫代葡萄糖酸盐、IAA 和 ABA。在蒺藜苜蓿(*M. truncatula*)中,只有 MtNPF1.7 和 MtNPF6.8 两个运输硝酸盐的 NFP,据此推测,菌根化根系中二肽显著上调是由于接种了 *F. mosseae*。Simone 等人在 *R. irregularis* 中发现真菌寡肽运输子 PTR2 家族 *RiPTR2*,该基因在酿酒酵母(*Saccharomyces cerevisiae*)异源表达中能够运输二肽,例如 Ala – Leu、Ala – Tyr 和 Tyr – Ala 等,本书所采用的 *F. mosseae* 和 *R. irregularis* 同属于 Glomeraceae 科,虽然本书发现,上调的二肽,如 Leu – Pro、Arg – Lys、Phe – Pro 和 Phe – Arg 等与 *R. irregularis* RiPTR2 运输的种类不同,这可能是由于肽摄取系统具有底物错配和底物特异性低的特点,以避免对某一类可利用肽摄取产生限制,但从一个侧面说明了接种丛枝菌根真菌提高了二肽在植物体内的运输效率,同时本书也表明植物有机氮源的利用不应局限于氨基酸,也应该包括在土壤中以较大比例存在的二肽。

3.4.4　接种 *F. mosseae* 对植物非酶类抗氧化剂代谢的影

抗氧化酶一直被认为是植物防御活性氧的第一道屏障,但是抗氧化酶活性需要其他活性氧清除系统进行补偿,如非酶类抗氧化剂。

脂溶性抗氧化剂 tocopherol 和 tocotrienol 共同被称为 tocochromanol,然而作为活性氧高效清除剂和脂质过氧化反应抑制剂,tocotrienol 仅存在于植物非光合作用的器官。13′ – carboxychromanol 已被证实具有抑制脂质过氧化作用并且可促进抗氧化酶的上调,本书中的 13′ – carboxy – tocotrienol 在接种处理的根系中呈显著上调。由此可知,接种 *F. mosseae* 提高了非酶类抗氧化剂 13′ – carboxychromanol 的水平与根系抗氧化能力。

抗坏血酸是含量丰富且研究广泛的非酶类抗氧化剂之一。在 Halliwell – Asada 循环中,抗坏血酸通过两个连续的步骤氧化,首先被氧化为单脱氢抗坏血酸(monodehydroascorbate, MDHA),然后再通过非酶反应生成脱氢抗坏血酸。然而在本书中,抗坏血酸在接种处理和非接种处理中均未表现显著差异。脱氢抗坏血酸水平在接种处理中的下调可能是由于抗坏血酸还原酶的高水平表达。由此认为,接种 *F. mosseae* 可能促使抗坏血酸还原酶高水平表达。

黄酮类化合物能够在脂质氧化过程中抑制单线态氧、活性氧产生和猝灭自由基反应。黄酮类化合物的抗氧化能力是 tocochromanol 和抗坏血酸的数倍。大量研究结果表明,丛枝菌根真菌侵染可以提高黄酮类化合物在根系中的水平,如油橄榄(*Olea europaea*)、洋葱(*Allium cepa*)、三色堇(*Viola tricolor*)

和 *M. sativa*，本书中黄酮类化合物的变化趋势与上述几项研究一致，但这些研究都是测定某一种或几种靶向黄酮类化合物的变化，对所有黄酮类化合物及其衍生物的整体变化未做进一步调查。在本书中，O－甲基化黄酮类化合物在接种处理中显著上调，如2′－羟基芒柄花黄素和2′,7－二羟基－4′,5′－二甲氧基异黄酮（$p<0.001$），这可能是由于O－甲基化转移酶上调，该上调是对丛枝菌根真菌诱导子产生防御响应。黄酮类化合物在接种处理中也以丙二酰化或乙酰化的形式显著上调，这些形式被认为是黄酮类化合物在液泡中的储存形式，构成了丰富的生物合成前体或非活性植保素的储备库。丙二酰残基被糖基取代可保护黄酮类化合物糖复合物免被酶解，并作为分子标签促进复合物在液泡中的有效摄取。但是，植保素 naringenin 的糖基化前体物 naringin 却表现为极显著下调（$p<0.001$）。另外，还有大量研究表明黄酮类化合物的含量与抗氧化性呈显著正相关，这种相关性主要表现在黄酮类化合物 kaempferol、kaempferol glycoside、芒柄花苷、daidzin、苜蓿素和 medicarpin。

3.5 本章小结

（1）接种 *F. mosseae* 显著下调吲哚及其衍生物水平（$p<0.05$）。茉莉酸虽然在接种处理中呈显著下调（$p<0.05$），但茉莉酸衍生物（methyl 7－epi－12－hydroxyjasmonate glucoside）在接种处理中呈显著上调（$p<0.05$）。

（2）接种 *F. mosseae* 显著上调 D－脯氨酸水平（$p<0.05$），但显著下调 L－精氨酸、L－谷氨酸和 L－色氨酸水平（$p<0.05$）。在二肽中，除了 alanylglycine 和 glutamyl－glutamate，其他二肽在接种处理中呈显著上调（$p<0.05$）。此外，N 端乙酰化衍生物在接种处理中呈显著上调（$p<0.05$）。

（3）接种 *F. mosseae* 使得 *M. sativa* 根系中非酶类抗氧化剂 tocotrienol 和黄酮类化合物及其衍生物显著上调（$p<0.05$），其中 tocotrienol 是以 13′－carboxy－γ－tocotrienol 和 13′－carboxy－α－tocotrienol 形式上调，大部分黄酮类化合物及其衍生物都以甲基化和糖基化形式上调（$p<0.05$）。

4
接种丛枝菌根真菌
对 *M. sativa* 根系分泌物的影响

4.1 概述

根系向根际环境中释放各种化合物，完成了植物与土壤之间的物质交换与信息传递，保持了根际微生态系统的活力与功能，并选择塑造了根际微生物群落结构与功能，同时根系分泌物也被认为是植物对环境胁迫的一种适应性响应机制。根系分泌物主要包括糖类、氨基酸和有机酸等低分子质量初级代谢产物，以及酚类、黄酮类化合物和萜类化合物等次级代谢产物。随着现代仪器技术的迅速发展，根系分泌物的收集、提取和组分鉴定的准确性和灵敏度也不断提高，成为植物营养、农业生态与环境和根际微生态学等领域的重要研究内容之一。

根系分泌物的组成不仅由植物的种类及基因型决定，还受到病虫害、盐碱、重金属、干旱等外界环境的影响和控制。罗晓蔓等人发现，硬脂酸和2,4-二叔丁基苯酚为外生菌根真菌褐环乳牛肝菌（*Suillus luteus*）侵染马尾松（*Pinus massoniana*）根系分泌物的特异性组分，并对其种子发芽具有一定的抑制作用。干露等人利用烟草青枯病病原菌 *Ralstonia solanacearum*、黑胫病病原菌 *Phytophtora parasitica* 和赤星病病原菌 *Alternaria logiper* 的拮抗菌处理烟草、番茄和辣椒后，减少了根系分泌物中苯甲酸、间苯二甲酸二丁酯等化感物质的含量。关于丛枝菌根真菌侵染对植物根系分泌物的影响，已有研究表明，丛枝菌根真菌不仅可以改变根系分泌物的数量，还可以诱导根系分泌物在种类上发生一些改变。如 Toljander 等人利用质子核磁共振谱法发现 *Glomus* sp. 侵染白车轴草（*Trifolium repens* L.）后，产生特异性的低分子质量分泌物，包括葡萄糖、甲酸盐和乙酸盐等。但大多相关研究以番茄、玉米、大豆和辣椒等经济作物作为宿主植物，对接种丛枝菌根真菌后 *M. sativa* 根系分泌物变化的研究较少。

根系分泌物本身具有组分复杂、易被微生物分解和易污染等特点，另一方面，由于不同研究中采用的丛枝菌根真菌、宿主植物及其提取方法等不一致，研究结果多不统一。本书的主要目的是：（1）验证水培条件结合树脂吸附法对根系分泌物提取的可行性；（2）分析 *F. mosseae* 对 *M. sativa* 根系分泌物组分的影响,为探求丛枝菌根真菌对 *M. sativa* 根际细菌群落的影响提供一定佐证基础。

4.2 材料与方法

4.2.1 试验设计

M. sativa 种子由黑龙江省农业科学院草业研究所提供,利用10% H_2O_2对种子表面消毒 10 min,在暗处催芽 24 h 后待播种。

培养基质为林下土、沙子、蛭石以 5∶2∶3 的比例混合,并在 121 ℃、0.1 MPa下灭菌 1.5 h,以灭活基质中携带的土著丛枝菌根真菌孢子。

供试丛枝菌根真菌为 *F. mosseae*,曾用名摩西球囊霉(*G. mosseae*),接种物由孢子、菌丝以及菌根片段组成,每克接种物中约有 25 个孢子,由黑龙江大学修复生态实验室扩繁保藏。

M. sativa 种子经消毒和催芽后,分别播种于混合 *F. mosseae* 接种物(接种处理)和等量灭活接种物(未接种处理)的培养基质中。当 *F. mosseae* 与 *M. sativa* 形成共生关系之后,尽量选择生长状态相似且数量一致的苗木,小心地从不同处理的培养基质中取出并用蒸馏水多次冲洗根系表面,分别移至装有 0.5 × Hongland 营养液的培养箱(20 cm × 25 cm × 15 cm)中继续培养,培养箱周围粘贴锡纸以保持根部避光,箱口上方覆盖泡沫板并用泡沫封口。培养期间光照培养室的室温为 22 ~ 25 ℃,相对湿度为 60% ~ 80%,每天8:00 ~ 18:00 连续光照 10 h,光照强度为 5 000 lx。同时,小型气泵分别给每个培养箱提供相同水平的氧气。

4.2.2 根系分泌物的提取

当培养至 21 天时,XAD − 4 吸附树脂经 75% 乙醇、100% 乙醇依次浸泡活化,超纯水多次冲洗残留乙醇之后,放至培养液中进行根系分泌物的收集与富集。以 *F. mosseae* – *M. sativa* 共生体营养液为研究对象，以未接种 *M. sativa* 和未培养苗木的营养液作为对照与空白处理。

吸附树脂收集根系分泌物 72 h 之后，用纯甲醇进行洗脱，洗脱液经无水 Na_2SO_4 干燥后，旋转蒸发浓缩至干，溶于 2 mL 甲醇中，经 0.22 μm 过滤之后放入棕色样品瓶中，置于 –4 ℃保存。

4.2.3 根系分泌物的鉴定

利用气相色谱–质谱联用仪进行根系分泌物鉴定。经优化后分析条件如下。

4.2.3.1 色谱条件

色谱柱为毛细管柱(30 m × 250 μm，0.25 μm)，进样口温度 250 ℃。程序升温：柱温起始为 50 ℃并保持 1 min，以 10 ℃ · min^{-1} 程序升温至 280 ℃并保持 21 min。载气：氦气(≥99.999%)。流速：3.0 mL · min^{-1}。进样量：1 μL。不分流进样。

4.2.3.2 质谱条件

电子轰击(EI)源。轰击电压 70 eV。离子源温度：200 ℃。四极杆温度：150 ℃。全扫描模式且扫描范围 *m/z*：30 ~ 600。扫描速度：0.2 s。

采用总离子色谱图(total ion chromatogram，TIC)分析并与 NIST 0.8L 质谱数据库的标准图谱核对，通过计算机检索进行根系分泌物组分的确定。

4.3 结果与分析

4.3.1 植株生长状况

由图 4 - 1 可以看出,*M. sativa* 植株长势良好。由接种处理中 *F. mosseae* 侵染率可知,*F. mosseae* 和 *M. sativa* 形成了良好的共生关系,可见泡囊、根内菌丝等丛枝菌根真菌典型结构。将植株移至水培体系中进行根系分泌物的富集与收集,*M. sativa* 植株长势仍保持良好,为进一步研究提供了可靠的试验材料。

A

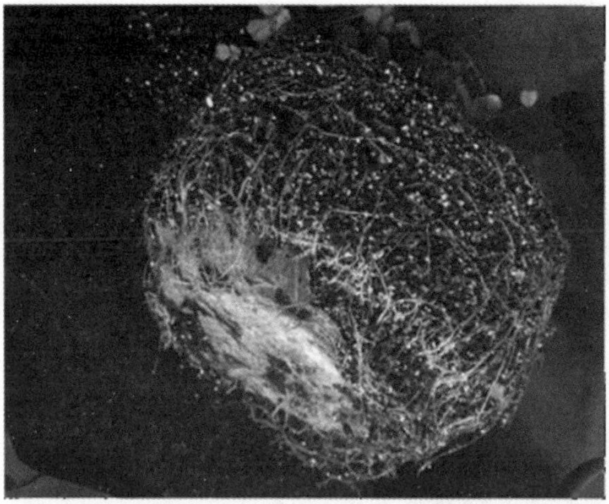

B

C

D

图4-1 在培养基质和营养液中培养的 *M. sativa* 植株

4.3.2 不同处理根系分泌物总离子色谱图

接种处理与未接种处理 *M. sativa* 根系分泌物及空白处理的总离子色谱图，如图4-2、图4-3、图4-4所示。

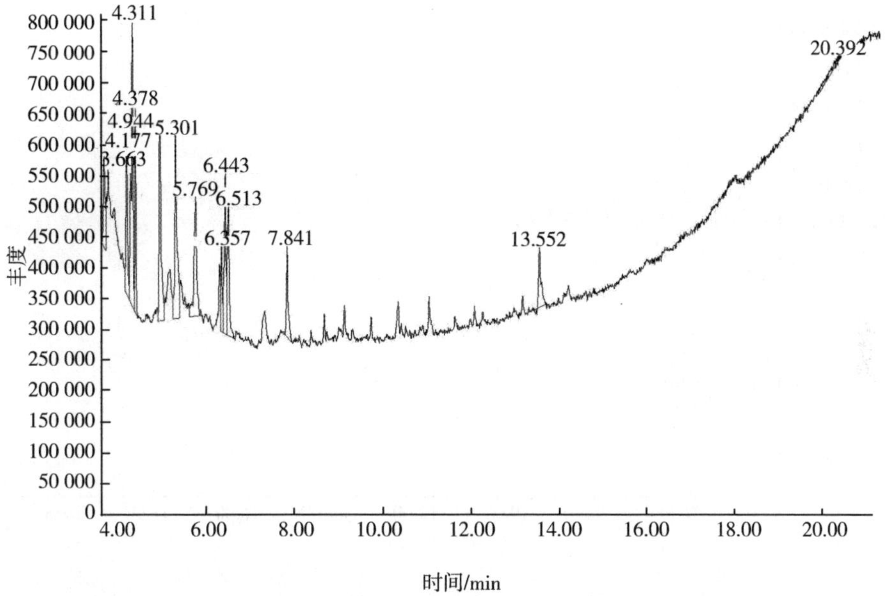

图 4－2　接种处理 *M. sativa* 根系分泌物总离子色谱图

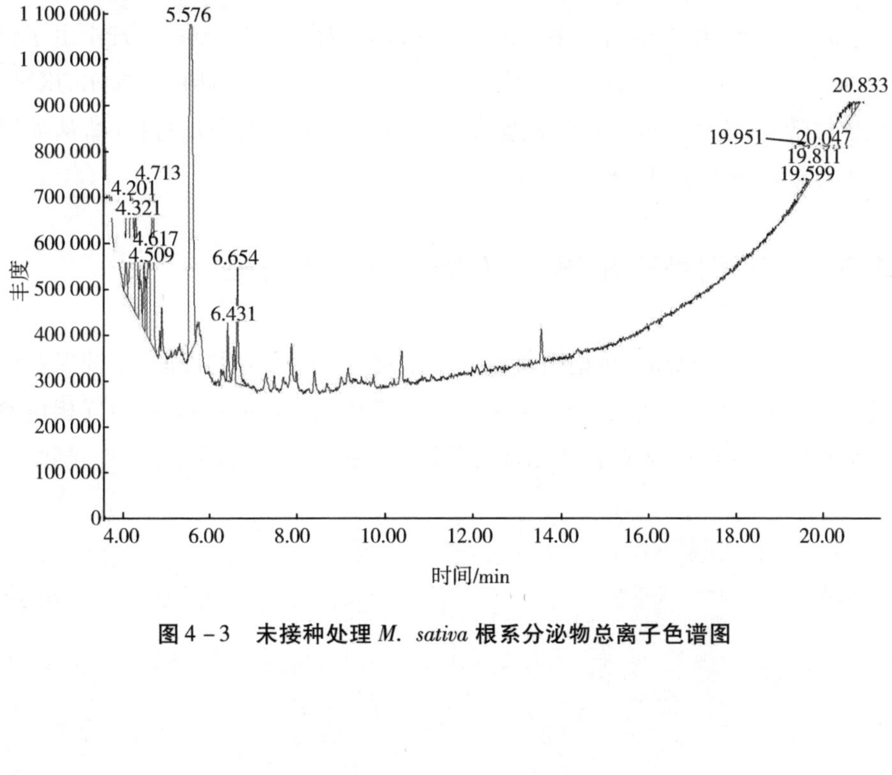

图 4－3　未接种处理 *M. sativa* 根系分泌物总离子色谱图

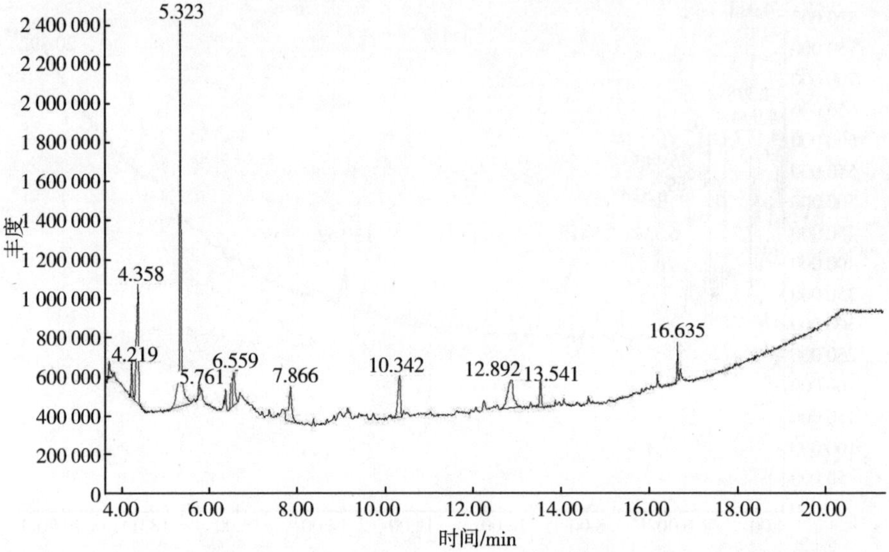

图 4－4　空白处理总离子色谱图

由图 4－2 至图 4－4 可知，水培条件下的根系分泌物组分相对较少，接种 *F. mosseae* 处理的峰数目要多于未接种处理和空白处理。空白处理中由于只添加了 0.5 × Hongland 营养液，因此峰所对应的化合物可能由蒸馏水、试剂、色谱柱带入，这样就可以作为试验操作引入的污染因素而进行排除，从而提高了对根系分泌物组分分析的准确性。

4.3.3　不同处理根系分泌物组分鉴定结果

经人工分析总离子色谱图与数据库比对，在 3 种不同处理中不同保留时间所对应的组分鉴定结果如表 4－1 所示，其中 cyclotetrasiloxane 为气相色谱柱涂层的主要成分，因此将该化合物及其衍生物从根系分泌物组分中排除。

表 4－1 不同处理中根系分泌物组分鉴定结果

	保留时间/min	分子质量/ku	CAS 编号	匹配度/%
接种处理				
2－anthracenamine	3.666	193.089	000613－13－8	30
benzene, 1－phenyl－4－(2－cyano－2－phenylethenyl)	4.177	281.120	027869－56－3	59
cyclotetrasiloxane, octamethyl	4.310	296.075	000556－67－2	78
7H－dibenzo[b,g]carbazole, 7－methyl	4.380	281.120	003557－49－1	59
cyclotrisiloxane, hexamethyl	4.944	222.056	000541－05－9	64
cyclotrisiloxane, hexamethyl	5.297	222.056	000541－05－9	56
hexanoic acid, 2－ethyl	5.773	144.115	000149－57－5	35
cyclopentasiloxane, decamethyl	6.355	370.094	000541－02－6	90
苯甲酸	6.443	122.037	000065－85－0	93
正辛酸	6.513	144.115	000124－07－2	58
壬酸	7.845	158.131	000112－05－0	35
邻苯二甲酸丁基甲基酯	13.548	236.105	034006－76－3	74
未接种处理				
cyclotetrasiloxane, octamethyl	4.089	296.075	000556－67－2	76
cyclotetrasiloxane, octamethyl	4.204	296.075	000556－67－2	78
cyclotetrasiloxane, octamethyl	4.319	296.075	000556－67－2	76
cyclotetrasiloxane, octamethyl	4.513	296.075	000556－67－2	50
cyclotetrasiloxane, octamethyl	4.618	296.075	000556－67－2	64
cyclotetrasiloxane, octamethyl	4.715	296.075	000556－67－2	91
cyclotrisiloxane, hexamethyl	5.579	222.056	000541－05－9	72
cyclopentasiloxane, decamethyl	6.434	370.094	000541－02－6	91
苯甲酸	6.655	122.037	000065－85－0	95

续表

	保留时间/min	分子质量/ku	CAS 编号	匹配度/%
空白处理				
methanimidamide – N,N – dimethyl – N′ – (4 – nitrophenyl)	3.710	193.085	001205 – 59 – 0	38
cyclotetrasiloxane, octamethyl	4.221	296.075	000556 – 67 – 2	78
cyclotetrasiloxane, octamethyl	4.354	296.075	000556 – 67 – 2	91
cyclotrisiloxane, hexamethyl	5.323	222.056	000541 – 05 – 9	72
4 – trimethylsilyl – 9,9 – dimethyl – 9 – silafluorene	5.764	282.126	058263 – 56 – 2	59
苯甲酸	6.496	122.037	000065 – 85 – 0	87
苯甲酸	6.557	122.037	000065 – 85 – 0	38
尿素	7.862	60.032	000057 – 13 – 6	9
邻苯二甲酸二甲酯	10.339	194.058	000131 – 11 – 3	93
quinoline, 2,7 – dimethyl	12.896	157.089	000093 – 37 – 8	53
1,2 – benzenedicarboxylic acid, butyl methyl ester	13.539	236.105	034006 – 76 – 3	78
三甲胺	16.633	59.073	000075 – 50 – 3	64

接种处理、未接种处理 *M. sativa* 根系分泌物及空白处理数据表明，检测到了苯甲酸、邻苯二甲酸二甲酯、邻苯二甲酸丁基甲基酯、丁基甲基酯等常见根系分泌物种类。正辛酸（qctanoic acid）是丛枝菌根真菌 *F. mosseae* 侵染后 *M. sativa* 根系产生的特异性分泌物。

4.4 讨论

植物根系分泌物的提取方法，特别是需要先形成共生关系后继续培养的菌根根系分泌物的提取方法在不断地更新和改进。丛枝菌根真菌不能离体纯培养，只有与宿主植物共生时才能生存，这就在某种程度上限制了对丛枝菌根根系分泌物的研究。张玉凤等人利用洗根法、层析法和琼脂膜法分别对土培中 *G. mosseae* 侵染的三叶草根系分泌物有机酸组分进行分析发现，洗根法容易使植物受到营养胁迫而不能真实反映自然分泌情况，层析法相对吸附容量低，琼脂膜法在根系表面容易产生失水现象，有机酸的种类和含量在三种方法中有相当大的差别，仅有酒石酸、苹果酸、柠檬酸和乳酸为共有组分。随后，大多研究采用水培法并对根系分泌物进行收集，一方面水培法不会影响根系的发育和体积扩展，另一方面便于操作且避免了土壤颗粒的干扰。因此本书利用水培法培养 *F. mosseae* - *M. sativa* 共生体，经树脂吸附、解吸、浓缩后，对根系分泌物进行组分鉴定研究。

有机酸作为低分子质量植物根系分泌物的主要成分，可以直接或间接参与碳、氮代谢过程，调节细胞质 pH 值和渗透势，因此有机酸对微生物群落也有一定的影响。从碳源角度，有机酸可以为根际微生物提供可利用碳源。大豆根系分泌有机酸对尖孢镰刀菌（*Fusarium oxysporium*）、半裸镰孢菌（*Fusarium semitectum*）、粉红黏帚菌（*Gliocladium roseum*）等根腐病菌表现为显著的抑制效果。当番茄叶片受到病原菌侵染，根系增强苹果酸的释放量，从而吸引更多的有益根际细菌枯草芽孢杆菌（*Bacillus subtilis*）向根际聚集。从氮源角度，根系分泌物可以改变土壤固氮和硝化过程中参与的细菌群落，从而影响它们的氮素转化效率及整个氮素循环过程。另外，丛枝菌根真菌的分泌物对细菌群落也产生一定影响，如 *G. intraradices* 分泌物对绿针假单胞菌（*Pseudomonas chlororaphis*）和哈茨木霉（*Trichoderma harzianum*）表现为促进作用，对 *F. oxysporum* f. sp. *chrysanthemi* 孢子萌发产生抑制作用。丛枝菌根真菌 *G. fasciculatum* 侵染番茄后的根系分泌物对根际促生细菌圆褐固氮菌（*Azotobacter chroococcum*）和 *P. fluorescens* 具有显著的趋化效果。

本书发现正辛酸是 *F. mosseae* 侵染 *M. sativa* 产生的特异性根系分泌物。丛枝菌根真菌 *R. irregularis* 全基因组测序结果表明，丛枝菌根真菌缺失编码 type Ⅰ 多域脂肪酸合成酶（fatty acid synthase，FAS）的基因，该基因在其他真菌里可以合成棕榈酸，*R. irregularis* 线粒体中存在编码 type Ⅱ FAS 的基因，它可以产生正辛酸而不是棕榈酸。玉米接种丛枝菌根真菌 *G. intraradices*、*G. mos-*

seae、聚丛球囊霉(*G. aggregatum*)和 *G. etunicatum* 孢子混合物以后,正辛酸含量下调与根 Ca、Al 和 Zn 以及茎 Fe、Zn 和 P 富集量呈显著正相关。由此可见,本书中接种 *F. mosseae* 后的特异性根系分泌物组分可能是由丛枝菌根真菌外泌而产生的。

此外已有报道,正辛酸是蕉草、烟草、玉米和东南景天等植物根系分泌物中的有机酸组分之一。其中蕉草根系中包括正辛酸在内的有机酸提高了湿地土壤中有机污染芘和金属铅的生物可利用性。正辛酸作为短链的八碳饱和脂肪酸,很容易穿透细胞壁膜系统,特别是脂质被膜细菌,如金黄色葡萄球菌(*Staphylococcus aureus*)和链球菌属(*Streptococcus*)中的多个种,并对这些细菌产生有效的抗菌性能,也对革兰氏阴性菌铜绿假单胞菌(*P. aeruginosa*) PAO1、大肠杆菌(*Escherichia coli*) NCTC 10418 和 *B. subtilis* NCTC 10400 的生长表现出一定的抑制效果。在本书中, *F. mosseae* 侵染 *M. sativa* 引起根系分泌物改变而对根际细菌群落产生的影响,将在下一章进行研究和讨论。

4.5 本章小结

本书在水培条件下,通过树脂吸附、解吸、浓缩,对 *M. sativa* 根系分泌物进行组分鉴定研究。通过比对接种 *F. mosseae* 处理、未接种 *F. mosseae* 处理以及未培养苗木处理,发现正辛酸为接种 *F. mosseae* 后 *M. sativa* 根系产生的特异性分泌物组分,该组分可能是由丛枝菌根真菌外泌而产生的。该短链脂肪酸由于具有较强的穿透性而对脂质被膜细菌等具有较强的抑制作用。

5

M. sativa 丛枝菌根根际细菌群落对阿特拉津胁迫的响应

5.1 概述

生物修复技术因具有环境友好、投入成本低和去除率较高等优势而成为阿特拉津污染土壤修复的主要策略。接种 *F. mosseae* 使 *M. sativa* 对阿特拉津的去除率从 51.29% 提高至 74.65%，并且能够提高在阿特拉津胁迫下根际土壤中蔗糖酶、脲酶、过氧化氢酶和纤维素酶的活性。接种 *G. caledonium* 和 *G. etunicatum* 均显著提高玉米对土壤中阿特拉津的去除率，增强了根系对阿特拉津的代谢水平，同时利用磷脂脂肪酸生物标记技术发现，丛枝菌根真菌对土壤微生物群落结构具有显著影响。另外，*G. mosseae* 接种高粱修复阿特拉津污染土壤的能力优于 *G. intraradices*。有大量的细菌能以阿特拉津为唯一碳氮源对其完成矿化过程，例如，细菌属 *Pseudomonas*、*Arthrobacter*、*Bradyrhizobium*、*Rhizobium*、*Burkholderia*、*Nocardioides*、土壤杆菌属（*Agrobacterium*）、*Bacillus*、*Sphingomonas*、*Rhodobacter*、*Acinetobacter* 和 *Mycobacterium* 等，能够将阿特拉津降解为羟基阿特拉津、N－异丙基三聚氰酸酰胺、氰尿酸和缩二脲等。

丛枝菌根真菌可以分泌糖类、有机酸和未知聚合物，这些组分可以刺激或抑制植物根际土壤中某些微生物的活力，改变细菌群落并影响污染土壤的整体修复效果。可见，直接与污染物接触的植物根系和具有庞大菌丝网络结构的丛枝菌根真菌共生形成的丛枝菌根被视为去除有机污染物的“先锋区”。由此，在污染物去除过程中，丛枝菌根真菌对根际细菌群落的作用是研究热点。研究人员发现，丛枝菌根真菌通过改变根际细菌生长和群落组成，提高对多氯联苯的去除率，丛枝菌根真菌显著增加了小梨形菌科（Pirellulaceae）、糖霉属（*Glycomyces*）和野野村菌属（*Nonomuraea*）的丰度且提高了土霉素的去除率。

在丛枝菌根真菌消除阿特拉津的过程中，根际微生物群落对富集的阿特拉津是如何响应的？本书选择最先感受胁迫信号且具有特殊的物理、化学和生物性质的根际微域环境，旨在通过丛枝菌根真菌去除土壤阿特拉津过程：(1)揭示 *F. mosseae* 诱导的细菌群落结构特征及其酶活性变化；(2)进一步描述阿特拉津潜在降解细菌对 *F. mosseae* 的响应特征，为揭示丛枝菌根修复阿特拉津污染土壤过程中细菌驱动机制提供理论依据。

5.2 材料与方法

5.2.1 试验设计

M. sativa 种子由黑龙江省农业科学院草业研究所提供，利用 10% H_2O_2 对种子表面消毒 10 min，在暗处催芽 24 h 后待播种。

培养基质为林下土、沙子、蛭石以 5∶2∶3 的比例混合，并在 121 ℃、0.1 MPa下灭菌 1.5 h，以灭活基质中携带的土著丛枝菌根真菌孢子。

供试丛枝菌根真菌为 *F. mosseae*，曾用名摩西球囊霉（*G. mosseae*），接种物由孢子、菌丝以及菌根片段组成，每克接种物中约有 25 个孢子，由黑龙江大学修复生态实验室扩繁保藏。

M. sativa 种子经消毒和催芽后，分别播种于混合 *F. mosseae* 接种物和等量灭活接种物培养基质中，分别为接种（FM）处理和未接种（NM）处理。培养 30 天后，利用乙酸墨水染色法检测菌根侵染率。当 *F. mosseae* 侵染率达到 90% 以上时，分别施加 10 $mg \cdot kg^{-1}$ 阿特拉津溶液，最终形成未接种 + 未加阿特拉津（NM + NA，5 盆）、接种 + 未加阿特拉津（FM + NA，5 盆）、未接种 + 阿特拉津（NM + AT，5 盆）和接种 + 阿特拉津（FM + AT，5 盆）4 种处理。盆栽随机摆放并置于苗圃中培养，平均温度 26 ℃/17 ℃（日/夜）。

当接种 + 阿特拉津处理中阿特拉津去除率达到 50% 时，每盆随机选取 30 个长势良好的植株，用毛刷收集 *M. sativa* 根际土壤（距离 <0.5 cm）并混合作为 1 份样品，自然风干后过筛（2 mm）去除 *M. sativa* 的细小根段，平均分为 3 份，分别进行土壤理化性质测定、土壤总 DNA 提取和阿特拉津残留量测定等。

5.2.2 土壤总 DNA 提取

采用 FastDNA SPIN Kit 试剂盒提取土壤总 DNA，并通过 1% 琼脂糖凝胶电泳检测。之后,总 DNA 的纯度与浓度使用 NanoPhotometer 超微量分光光度计测定 OD_{260}/OD_{280} 与 OD_{260}/OD_{230} 数值,进行确定。

5.2.3　PCR 扩增与测序分析

以 515F（GTGYCAGCMGCCGCGGTAA）和 806R（GGACTACNVGGGT-WTCT-AA）作为 16S V4 区的特异性扩增引物,并以稀释后的 DNA 作为模板,依照表 5-1 程序进行 PCR 扩增。

表 5-1　16S V4 区 PCR 扩增程序

步骤	温度	时间	循环次数
1	98 ℃	1 min	—
2	98 ℃	10 s	30
3	50 ℃	30 s	—
4	72 ℃	30 s	—
5	72 ℃	5 min	—

PCR 扩增产物经定量和纯化之后,通过 TruSeq DNA PCR-Free Sample Preparation Kit 构建测序(250 bp)文库,并进行 HiSeq 2500 测序。

通过 FLASH V1.2.7 对测序序列进行拼接后,根据 QIIME V1.7.0 设置特定的过滤条件(去除长度 <200 bp、平均质量 <25、包括不确定碱基的序列),获得高质量的序列标签(tag)数据。在通过 UCHIME algorithm 与 Gold database 比对检测之后去除嵌合体序列,最终获得有效序列。序列相似度≥97%的聚类成为同一个 OTU(operational taxonomic unit),出现频数最高的序列作为 OTU 的代表序列并对其进行物种注释。最后以样品中数据量最少的为标准,对各样品的数据进行均一化处理。

5.2.4 细菌群落结构及其与环境因子典范对应分析

$$多样性指数(Shannon 指数) = -\sum_{i=1}^{S} p_i(\ln p_i) \quad (5-1)$$

$$优势度指数(Simpson 指数) = 1 - \sum_{i=1}^{S} p_i^2 \quad (5-2)$$

$$丰度指数(Chao1 指数) = S + \frac{F_1(F_1-1)}{2(F_2+1)} \quad (5-3)$$

$$均匀度 = H'/\ln S \quad (5-4)$$

其中 S 即 OTU 数目，p_i 即第 i 个 OTU 所占比例，F_1 和 F_2 分别表示仅含 1 条序列的 OTU(singletons)和仅含 2 条序列的 OTU(doubletons)的数目，H' 为多样性指数。

根据 ter Braak，利用 CANOCO 4.5 对土壤理化性质与微生物群落结构进行典范对应分析(CCA)。

5.2.5 土壤微生物酶活性测定

5.2.5.1 脱氢酶(EC 1.1.1)与脲酶(EC 3.5.1.5)

脱氢酶和脲酶测定是利用稍做修改的关松荫的方法。

脱氢酶测定以 2,3,5 - 三苯基氯化四氮唑(TTC)作为反应底物，将 1 g 土壤与 1% 2,3,5 - 三苯基氯化四氮唑混合并在 37 ℃下培养 24 h，利用甲醇将三苯基甲臜(TPF)提取之后，在 485 nm 波长下测定吸光度，并以 1 g 土壤中的三苯基甲臜(μg)表示脱氢酶活性。

脲酶测定是以尿素为反应底物，1 g 土壤与甲苯混合反应 15 min 之后，加入 10 mL 10% 尿素溶液与 5 mL pH = 6.7 的柠檬酸盐缓冲液，37 ℃下培养 24 h，反应释放氨在 578 nm 波长下测定吸光度并以 1 g 土壤中的氨（mg）表示脲酶活性。

5.2.5.2 酸性磷酸酶（EC 3.1.3.2）与碱性磷酸酶（EC 3.1.3.1）

酸性磷酸酶（acid phosphatase，ACP）与碱性磷酸酶（alkaline phosphatase，ALP）测定依据 Acosta – Martínez 方法。

1 g 土壤与甲苯、50 mmol/L 对硝基苯磷酸钠缓冲液（pH = 6.5 和 pH = 11 的该缓冲液分别用于酸性磷酸酶和碱性磷酸酶测定）混合并在 37 ℃下培养 1 h。培养之后利用 pH = 10、$CaCl_2$ – NaOH 反应释放出对硝基苯酚（p – nitrophenol）并在 410 nm 分别测定其吸光度，均以 1 g 土壤中的对硝基苯酚（mg）表示酸性磷酸酶与碱性磷酸酶活性。

5.2.6 阿特拉津残留量测定

根据辽宁省行业标准《土壤中阿特拉津残留量的测定（高效液相色谱法）》（DB21/T 1675—2008），对土壤中阿特拉津的残留量进行测定。根据精确分子质量，利用液相色谱 – 质谱联用的选择性离子扫描方式（selected ion monitor）检测细菌降解阿特拉津的核心中间代谢产物羟基阿特拉津、氰尿酸和双缩脲（biuret）。

$$阿特拉津去除率 = \frac{初始浓度 - 最终浓度}{初始浓度} \times 100\% \quad (5-5)$$

5.2.7 土壤理化性质测定

土壤总有机质采用重铬酸钾容量法测定，总氮采用重铬酸钾氧化 – 硫酸消化法测定，铵态氮和硝态氮采用氯化钾浸提 – 钼锑抗分光光度法测定，速效磷采用碳酸氢钠碱熔 – 钼锑抗分光光度法测定，速效钾采用乙酸铵浸提 –

火焰光度计法测定，pH 值采用电位计法测定。

5.2.8 数据统计分析

利用 SPSS 19.0 软件，以 $p<0.05$ 作为显著性阈值进行统计分析。利用双因素方差分析（two - way ANOVA）对接种 *F. mosseae*、施加阿特拉津及二者交互作用对细菌群落的影响进行分析，平均值之间使用 Tukey's test 检验比较。

5.3 结果与分析

5.3.1 *F. mosseae* 侵染与阿特拉津残留

根据细菌降解阿特拉津中间代谢产物羟基阿特拉津、氰尿酸和双缩脲的准确分子质量，进行了选择性离子扫描，如图 5-1 所示。3 种中间代谢产物在接种 + 阿特拉津处理根际土壤中的离子峰强度均高于未接种 + 阿特拉津处理，表明接种处理提高了细菌对阿特拉津的去除率。与此同时，阿特拉津中间代谢产物的检出也说明了在丛枝菌根去除阿特拉津的过程中，根际细菌群落发挥着重要作用。

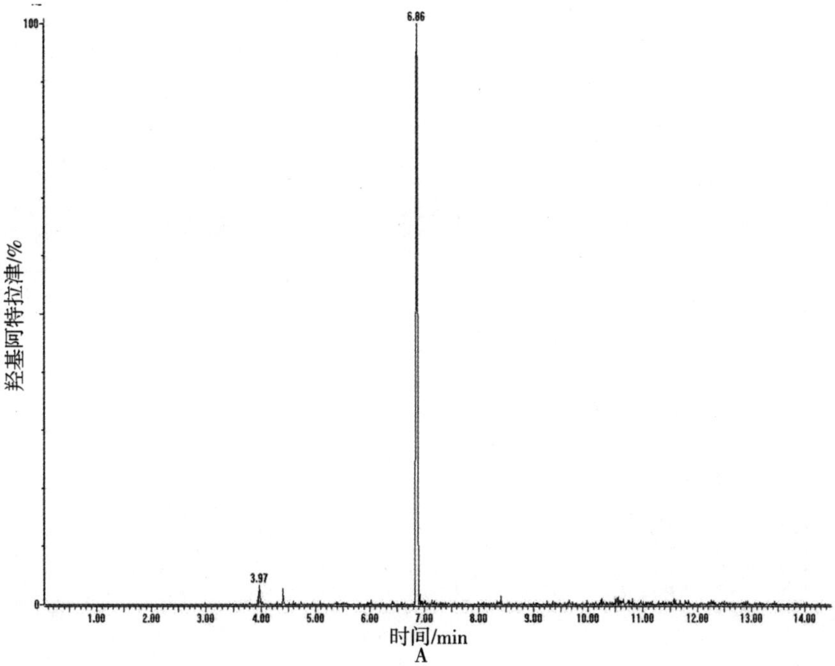
6.86
3.97
100
0
1.00
2.00
3.00
4.00
5.00
6.00
7.00
8.00
9.00
10.00
11.00
12.00
13.00
14.00
羟基阿特拉津/%
时间/min
A

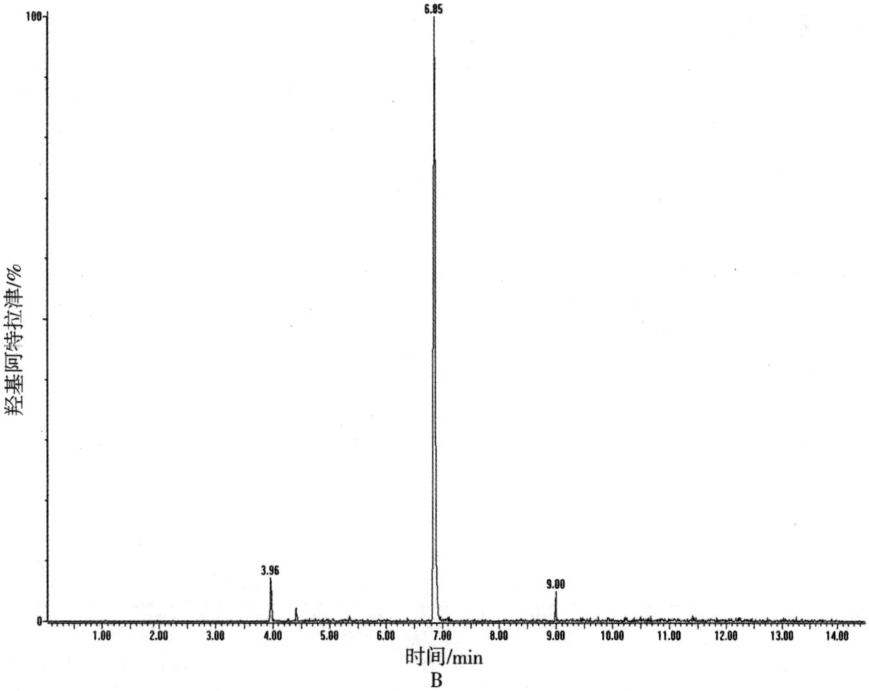
6.85
3.96
9.00
100
0
1.00
2.00
3.00
4.00
5.00
6.00
7.00
8.00
9.00
10.00
11.00
12.00
13.00
14.00
羟基阿特拉津/%
时间/min
B

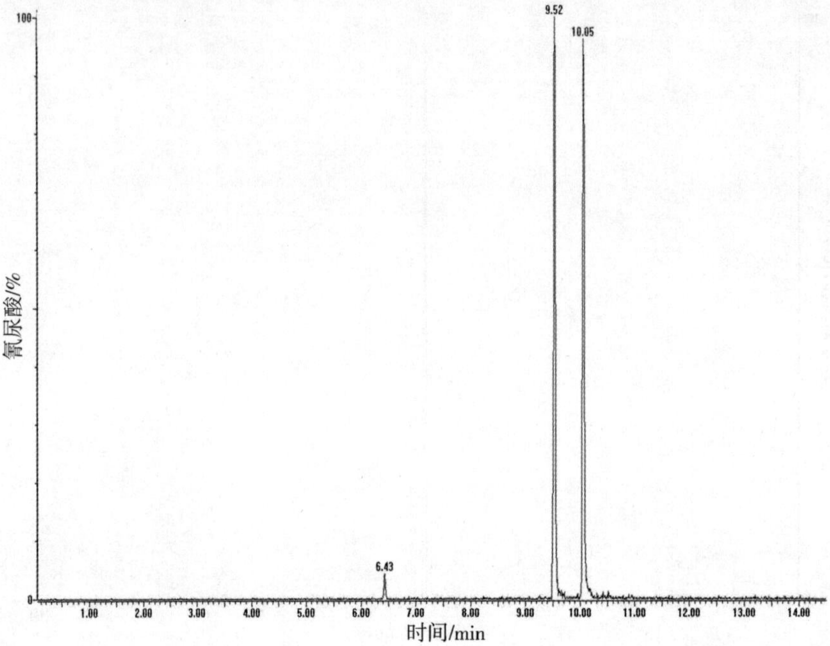
100
9.52
10.05
6.43
0
1.00
2.00
3.00
4.00
5.00
6.00
7.00
8.00
9.00
10.00
11.00
12.00
13.00
14.00
氰尿酸/%
时间/min

C

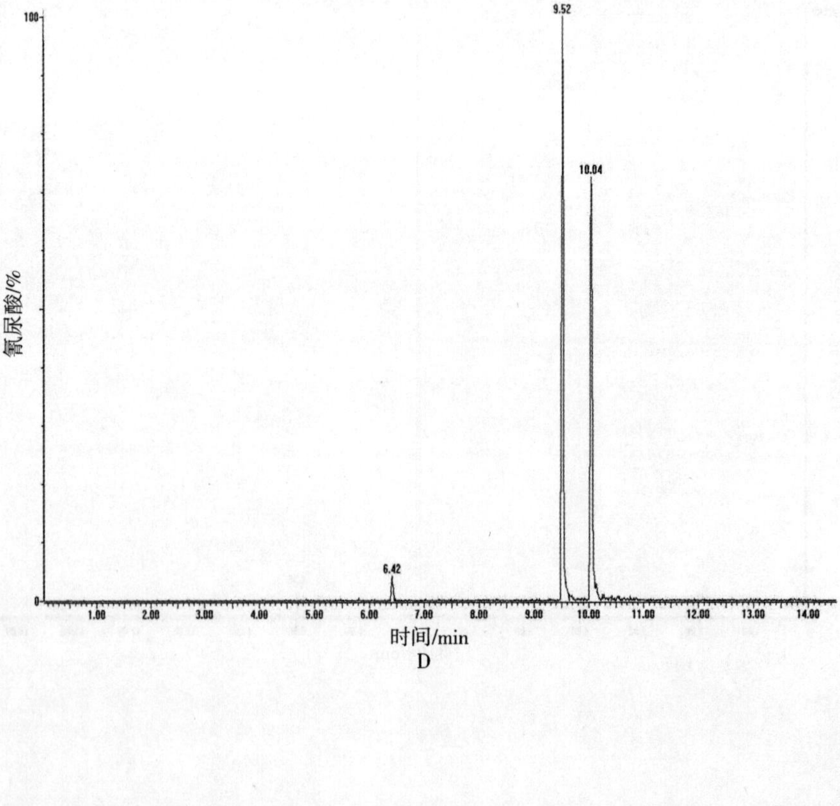
100
9.52
10.04
6.42
0
1.00
2.00
3.00
4.00
5.00
6.00
7.00
8.00
9.00
10.00
11.00
12.00
13.00
14.00
氰尿酸/%
时间/min

D

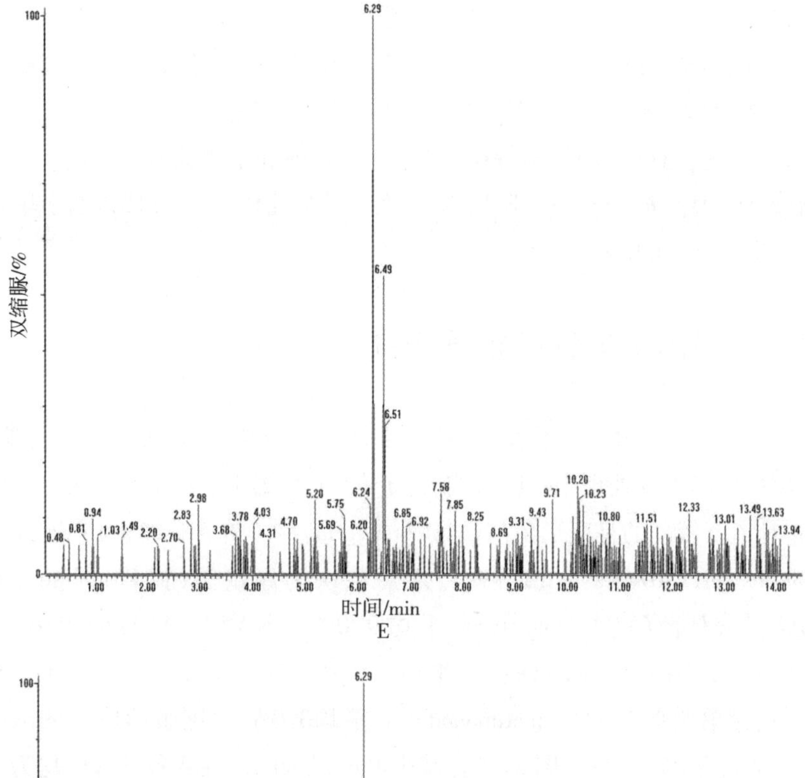

图 5-1　根际土壤中细菌降解阿特拉津中间代谢产物羟基阿特拉津、氰尿酸和双缩脲在未接种处理（A、C、E）和接种处理（B、D、F）中的质谱图

如表5-2所示,当*M. sativa*培养到35天时,*F. mosseae*侵染率达91%以上。此时施加阿特拉津进行胁迫,在第50天时检测残留量并计算去除率,结果表明,接种*F. mosseae*将*M. sativa*对土壤中阿特拉津去除率由33.42%提高至52.23%。此外,施加阿特拉津对土壤pH值和土壤速效钾含量产生显著影响($p<0.05$),*F. mosseae*、阿特拉津及二者交互作用均未对其他土壤理化指标产生显著影响($p>0.05$)。

5.3.2 根际土壤细菌群落组成

在未接种+未加阿特拉津、接种+未加阿特拉津、未接种+阿特拉津、接种+阿特拉津4种处理中,共鉴定获得了38个纲275个科435个属。在门水平,相对丰度较高的是变形菌门(Proteobacteria,37.6%~43.3%)和放线菌门(Actinobacteria,10.5%~15.9%),之后依次为厚壁菌门(Firmicutes,平均11.4%)、酸杆菌门(Acidobacteria,平均9.0%)、绿弯菌门(Chloroflexi,平均8.1%)、浮霉菌门(Planctomycetes,平均3.9%)、拟杆菌门(Bacteroidetes,平均3.4%)、芽单胞菌门(Gemmatimonadetes,平均3.0%)、疣微菌门(Verrucomicrobia,平均3.0%),可见图5-2。其中Proteobacteria在4种处理中均为优势类群,主要包括α-proteobacteria(18.1%~22.0%)、β-proteobacteria(10.9%~16.5%)、γ-proteobacteria(3.9%~4.7%)和Δ-proteobacteria(2.8%~4.3%)。接种*F. mosseae*提高了Actinobacteria的相对丰度,而施加阿特拉津降低了Actinobacteria的相对丰度,但均不显著($p>0.05$),Actinobacteria在接种处理中的相对丰度显著高于未接种+阿特拉津处理($p<0.05$)。

表 5-2 不同处理中根际土壤理化性质、*F. mosseae* 侵染率和阿特拉津去除率

	未接种 + 未加阿特拉津	接种 + 未加阿特拉津	接种 + 阿特拉津	未接种 + 阿特拉津
有机质/%	5.54 ±0.96Aa	5.45 ±0.87Aa	5.57 ±0.74Aa	6.42 ±0.39Aa
总氮/($mg \cdot g^{-1}$)	1.90 ±0.12Aa	1.96 ±0.16Aa	2.02 ±0.09Aa	2.07 ±0.09Aa
硝态氮/($mg \cdot kg^{-1}$)	103.01 ±27.64Aa	76.43 ±0.38Aa	80.50 ±3.27Aa	93.23 ±3.67Aa
铵态氮/($mg \cdot kg^{-1}$)	25.11 ±0.85Aa	37.34 ±4.63Aa	44.24 ±14.07Aa	30.02 ±4.13Aa
速效钾/($mg \cdot kg^{-1}$)	104.14 ±11.30Ab	113.21 ±0.89Ab	121.83 ±8.59Aa	133.96 ±1.88Aa
速效磷/($mg \cdot kg^{-1}$)	48.67 ±2.22Aa	59.13 ±0.59Aa	61.02 ±8.98Aa	58.38 ±1.89Aa
pH 值	7.10 ±0.03Aa	7.35 ±0.01Aa	7.22 ±0.14Ab	7.04 ±0.03Ab
F. mosseae 侵染率/%	—	91.54 ±0.23A	91.65 ±0.19A	—
阿特拉津去除率/%	—	—	52.23 ±0.17A	33.42 ±0.21B

注:同行不同大小写字母分别表示接种处理和施加阿特拉津处理产生显著差异($p<0.05$)。

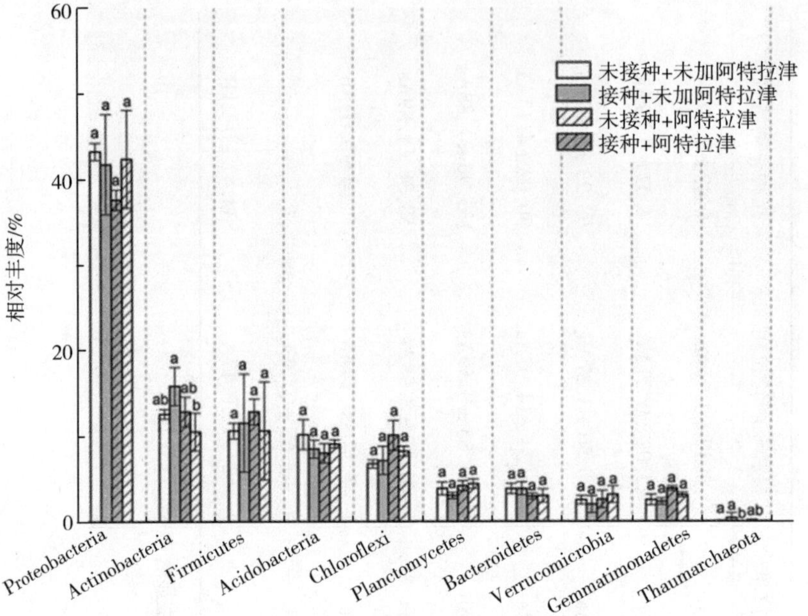

图5－2　不同处理土壤细菌在门水平的相对丰度

在属水平，细菌属 *Bacillus*、苯基杆菌属（*Phenylobacterium*）、微枝形杆菌属（*Microvirga*）、*Arthrobacter*、新鞘氨醇杆菌属（*Novosphingobium*）、马赛菌属（*Massilia*）、*Tumebacillus*、*Ramlibacter* 和 *Nocardioides* 的相对丰度较高，且在4个处理中均大于1.1%，可见图5－3。在施加阿特拉津之前，接种*F. mosseae*提高了*Bacillus*、*Arthrobacter*、*Novosphingobium*、*Massilia*、*Nocardioides* 和鞘氨醇单胞菌属（*Sphingomonas*）等细菌属的相对丰度，但抑制了芽单胞菌属（*Gemmatimonas*）、类芽孢杆菌属（*Paenibacillus*）、浮霉状菌属（*Planctomyces*）和苔菌属（*Bryobacter*）等细菌属的相对丰度。施加阿特拉津之后，以上细菌属在接种处理中的相对丰度仍保持不变。如表5－3所示，*Novosphingobium*和 *Nocardioides* 的相对丰度受到施加阿特拉津的显著抑制（$p<0.05$），*Phenylobacterium*、*Pseudomonas*、沃德夏菌属（*Devosia*）和 *Planctomyces* 的相对丰度显著受到接种处理和施加阿特拉津处理之间的交互作用（$p<0.05$）。*Arthrobacter* 的相对丰度均受到接种处理（$p<0.05$）、施加阿特拉津处理（$p<0.01$）及其之间的交互作用（$p<0.05$）的显著影响。由此可见，不同细菌属对接种 *F. mosseae* 和施加阿

特拉津的表现不一致,其中细菌属 *Arthrobacter* 对这两种处理都比较敏感。

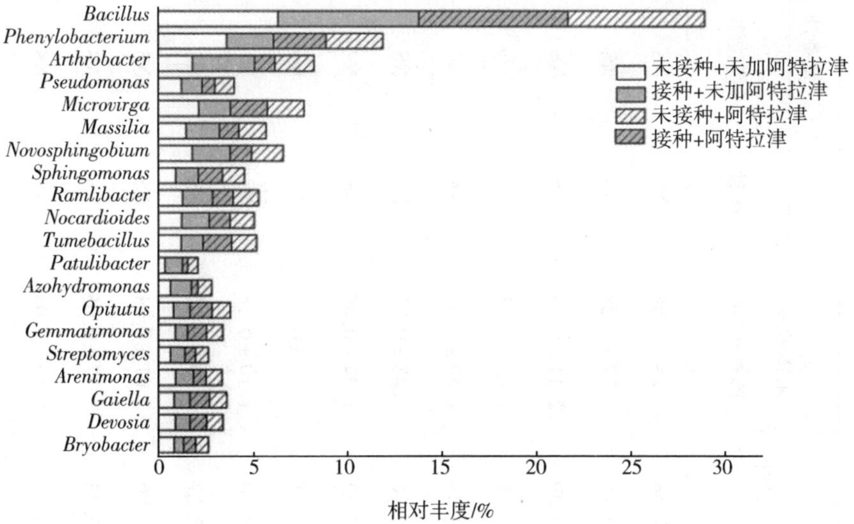

图 5－3　不同处理土壤细菌在属水平的相对丰度

表 5－3 前 20 位细菌属在 4 个处理中的相对丰度及显著性分析

	未接种＋未加阿特拉津	接种＋未加阿特拉津	接种＋阿特拉津	未接种＋阿特拉津	显著性		
					接种	阿特拉津	接种＋阿特拉津
Bacillus	6.40 ±0.48	7.46 ±4.26	7.84 ±1.58	6.28 ±3.64	NS	NS	NS
Phenylobacterium	3.69 ±0.52	2.47 ±0.57	2.81 ±0.18	3.77 ±1.38	NS	NS	*
Microvirga	2.20 ±0.30	1.69 ±0.37	1.95 ±0.39	2.11 ±0.64	NS	NS	NS
Arthrobacter	1.87 ±0.32	3.30 ±0.79	1.07 ±0.31	1.02 ±0.01	*	**	*
Novosphingobium	1.86 ±0.35	2.01 ±0.22	1.14 ±0.48	1.60 ±0.07	NS	*	NS
Massilia	1.53 ±0.27	1.77 ±0.47	1.02 ±0.16	1.48 ±0.41	NS	NS	NS
Tumebacillus	1.25 ±0.21	1.17 ±0.58	1.52 ±0.29	1.34 ±0.45	NS	NS	NS
Ramlibacter	1.34 ±0.49	1.59 ±0.34	1.09 ±0.28	1.08 ±0.01	NS	NS	NS
Nocardioides	1.29 ±0.13	1.46 ±0.37	1.10 ±0.20	1.10 ±0.18	NS	*	NS
Pseudomonas	1.28 ±0.34	1.11 ±0.36	0.67 ±0.27	1.49 ±1.22	NS	NS	*
Sphingomonas	0.96 ±0.36	1.21 ±0.77	1.29 ±0.86	1.01 ±0.24	NS	NS	NS
Opitutus	0.84 ±0.29	0.90 ±0.33	1.15 ±0.43	1.17 ±0.05	NS	NS	NS
Devosia	0.93 ±0.15	0.79 ±0.13	0.89 ±0.14	1.16 ±0.03	NS	NS	*

续表

	未接种 + 未加阿特拉津	接种 + 未加阿特拉津	接种 + 阿特拉津	未接种 + 阿特拉津	显著性		
					接种	阿特拉津	接种 + 阿特拉津
Gaiella	0.87 ±0.13	0.86 ±0.30	1.03 ±0.18	0.76 ±0.14	NS	NS	NS
Arenimonas	0.95 ±0.14	0.96 ±0.28	0.68 ±0.29	0.83 ±0.24	NS	NS	NS
Gemmatimonas	0.94 ±0.49	0.66 ±0.14	1.00 ±0.28	0.78 ±0.13	NS	NS	NS
Paenibacillus	0.94 ±0.09	0.68 ±0.16	0.86 ±0.10	0.79 ±0.14	NS	NS	NS
Planctomyces	0.85 ±0.19	0.66 ±0.11	0.65 ±0.08	0.86 ±0.15	NS	NS	*
Bryobacter	0.88 ±0.23	0.50 ±0.16	0.65 ±0.21	0.75 ±0.20	NS	NS	NS
Streptomyces	0.67 ±0.12	0.79 ±0.54	0.56 ±0.16	0.54 ±0.24	NS	NS	NS

注:NS 为不显著,* * 为 $p < 0.01$,* 为 $p < 0.05$。

根据韦恩图(图5-4)可知,共有2 230个OTU同时出现在4个处理中,这些共享OTU主要属于Proteobacteria、Chloroflexi、Actinobacteria和Firmicutes。特有OTU的数量依次分别为78(未接种+未加阿特拉津)、190(接种+阿特拉津)、218(未接种+阿特拉津)和124(接种+未加阿特拉津),可见未接种且施加阿特拉津处理中特有OTU数量最多。

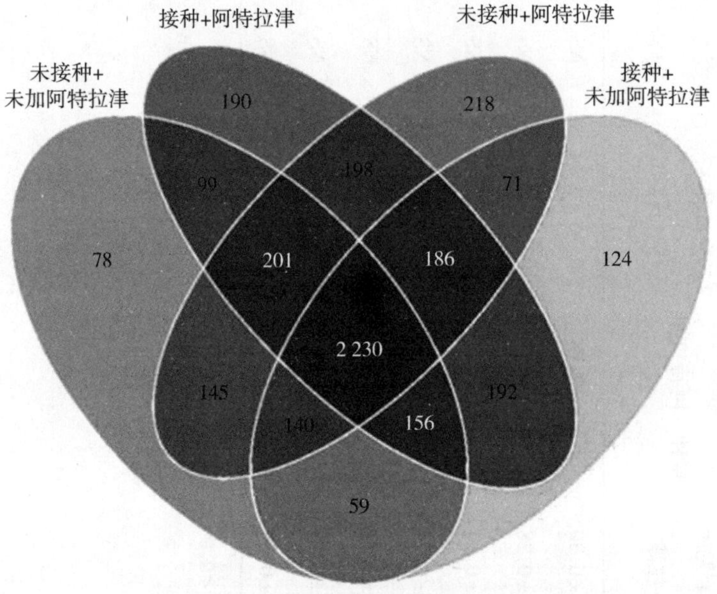

图5-4 4个处理的特有与共享OTU的韦恩图

5.3.3 根际土壤细菌群落结构

本书通过多样性指数、优势度指数、丰度指数和均匀度考察细菌群落α-多样性指标。由表5-4可知,覆盖率在4种处理中的数值均达到95%以上,说明本次测序结果能够代表样品中细菌群落的真实情况。物种数目在接种和施加阿特拉津双处理中最多,施加阿特拉津显著增加了菌根化*M. sativa*的根际细菌的物种数目($p<0.05$)。优势度指数和丰度指数在4种处理中无显著变化。此外,接种*F. mosseae*显著提高了根际细菌群落在科和属水平的多

样性指数($p<0.05$),但对均匀度无显著影响;阿特拉津极显著地降低了细菌群落在纲($p<0.01$)、科($p<0.01$)和属($p<0.001$)水平的多样性指数以及在这3个水平上的群落均匀度(表5-5)。多样性指数和均匀度均未受到接种和施加阿特拉津交互作用的显著影响($p>0.05$)。

表5-4　不同处理中根际细菌群落分析

处理	物种数目	优势度指数	丰度指数	覆盖率/%
未接种+未加阿特拉津	2 322.67±47.90bc	0.994±0.001a	2 596.18±52.68a	99.13
接种+未加阿特拉津	2 305.67±25.97c	0.993±0.001a	2 613.33±147.63a	99.13
接种+阿特拉津	2 524.67±65.26a	0.995±0.001a	2 748.15±73.46a	99.20
未接种+阿特拉津	2 478.00±98.85ab	0.995±0.002a	2 737.56±116.83a	99.17

注:同行不同字母表示显著差异。

表5-5　多样性指数和均匀度

	多样性指数			均匀度		
	纲	科	属	纲	科	属
未接种+未加阿特拉津	1.92±0.02	3.71±0.02	3.06±0.03	0.55±0.01	0.68±0.01	0.53±0.01
接种+未加阿特拉津	1.90±0.06	3.69±0.02	3.01±0.06	0.53±0.02	0.68±0.01	0.52±0.01
接种+阿特接津	2.04±0.04	3.65±0.02	2.84±0.05	0.57±0.01	0.67±0.01	0.49±0.01
未接种+阿特拉津	1.99±0.05	3.68±0.01	2.93±0.06	0.56±0.01	0.67±0.01	0.50±0.01

续表

	多样性指数			均匀度		
	纲	科	属	纲	科	属
方差分析						
接种 + 未加阿特拉津	NS	*	*	NS	NS	NS
未接种 + 阿特拉津	* *	* *	* * *	* *	* * *	* * *
接种 + 阿特拉津	NS	NS	NS	NS	NS	NS

注:NS 为不显著,* 为 $p<0.05$,* * 为 $p<0.01$,* * * 为 $p<0.001$。

5.3.4 接种 *F. mosseae* 与施加阿特拉津对细菌群落结构的影响

对不同处理中细菌的 OTU(>97%)组成进行典范对应分析,如图 5 – 5 所示,每个处理的 3 个重复聚在一起,说明本研究的样品重现性较好,两轴累计贡献率为 43.46%。接种 + 阿特拉津处理和未接种 + 阿特拉津处理分布在第一排序轴的正方向,接种 + 未加阿特拉津处理和未接种 + 未加阿特拉津处理分布在第一排序轴的负方向,这表明阿特拉津胁迫是第一排序轴的主要影响因素,变异解释率为23.25%。接种 + 阿特拉津处理和接种 + 未加阿特拉津处理分布在第二排序轴的正方向,未接种 + 阿特拉津处理和接种 + 未加阿特拉津处理分布在第二排序轴的负方向,表明 *F. mosseae* 是第二排序轴的主要影响因素,变异解释率为 20.21%。

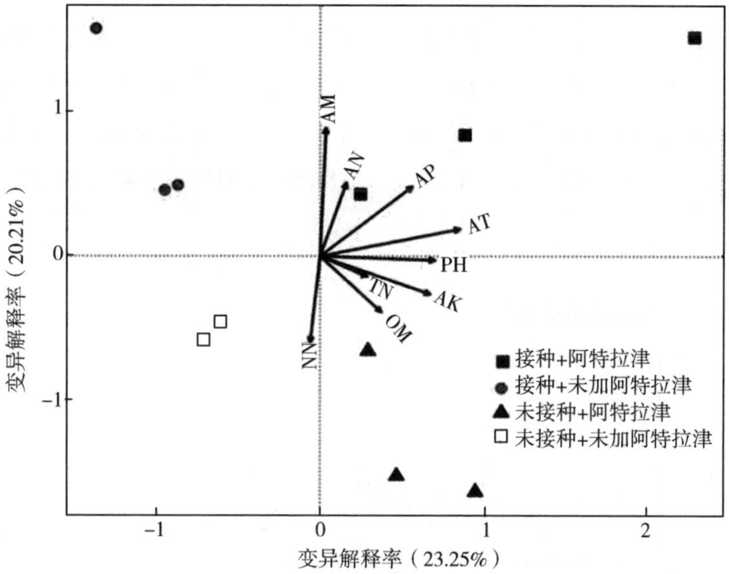

AM. 接种 *F. mosseae*；AN. 铵态氮；TN. 总氮；NN. 硝态氮；

AP. 速效磷；AT. 阿特拉津；PH. pH；OM. 有机质；AK. 速效钾。

图 5－5 细菌群落结构与环境因子的典范对应分析

5.3.5 接种 *F. mosseae* 与施加阿特拉津对阿特拉津降解细菌的影响

参照 NCBI GenBank 中注释到的具有阿特拉津降解基因的细菌类群，在本书中共鉴定到 12 个相对丰度大于 0.1% 的阿特拉津降解细菌属，分别是 *Nocardioides*、*Arthrobacter*、*Pseudomonas*、*Bradyrhizobium*、*Rhizobium*、*Burkholderia*、*Mycobacterium*、*Rhodobacter*、*Methylobacterium*、*Streptomyces*、*Bosea* 和 *Shinella*。这些细菌属在 4 种处理中相对丰度的变化如图 5－6 所示，在阿特拉津施加以前，接种 *F. mosseae* 显著增加 *Arthrobacter* 的相对丰度，虽然施加阿特拉津后相对丰度受到抑制，但 *F. mosseae* 的促进效应仍然存在。在阿特拉津去除过程中，受到 *F. mosseae* 上调的属有 *Streptomyces*、*Bradyrhizobium*、*Mycobacterium* 和 *Methylobacterium*，但差异未达到显著水平（$p > 0.05$）。然而，在阿特拉津施

加以前,接种 *F. mosseae* 显著地降低了 *Mycobacterium* 的相对丰度($p<0.05$),但在阿特拉津去除过程中相对丰度又得到了提高($p>0.05$)。在阿特拉津消除过程中,*Nocardioides*、*Pseudomonas*、*Bradyrhizobium*、*Rhizobium*、*Rhodobacter*、*Methylobacterium*、*Bosea* 和 *Shinella* 的相对丰度在接种 *F. mosseae* 后分别降低了 0.28%、55.08%、20.93%、8.17%、42.86%、7.94%、17.43% 和 17.30%。

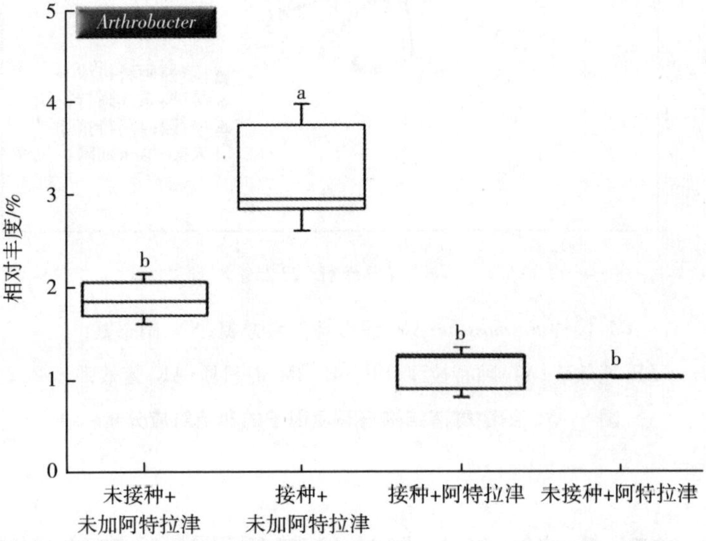

A

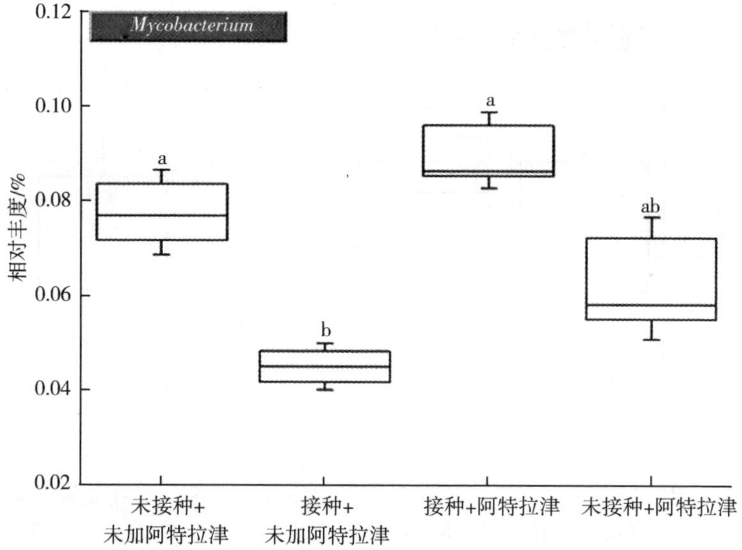
Mycobacterium
0.12
0.10
0.08
0.06
0.04
0.02
相对丰度/%
a
b
a
ab
未接种+
未加阿特拉津
接种+
未加阿特拉津
接种+阿特拉津
未接种+阿特拉津

B

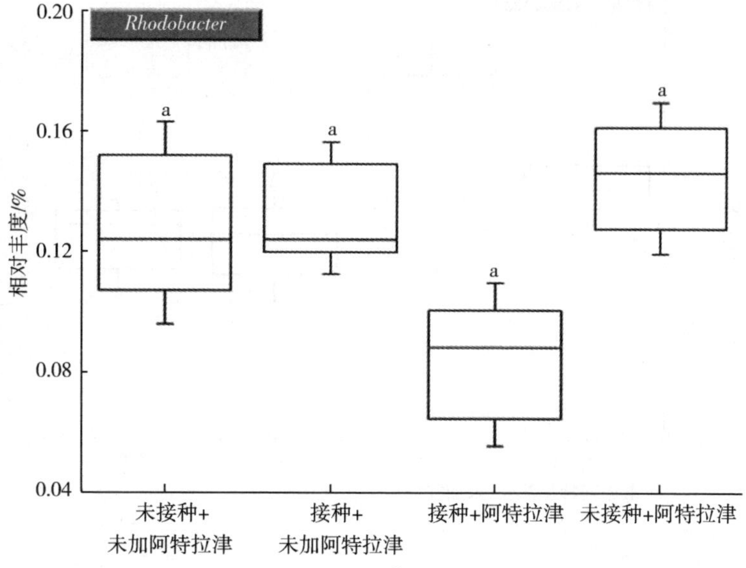
Rhodobacter
0.20
0.16
0.12
0.08
0.04
相对丰度/%
a
a
a
a
未接种+
未加阿特拉津
接种+
未加阿特拉津
接种+阿特拉津
未接种+阿特拉津

C

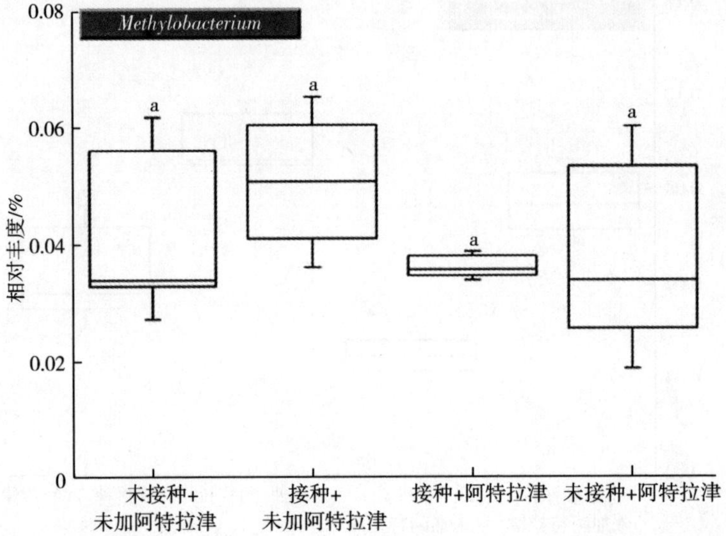
Methylobacterium
0.08
0.06
0.04
0.02
0
相对丰度/%
a
a
a
a
未接种+
未加阿特拉津
接种+
未加阿特拉津
接种+阿特拉津
未接种+阿特拉津

D

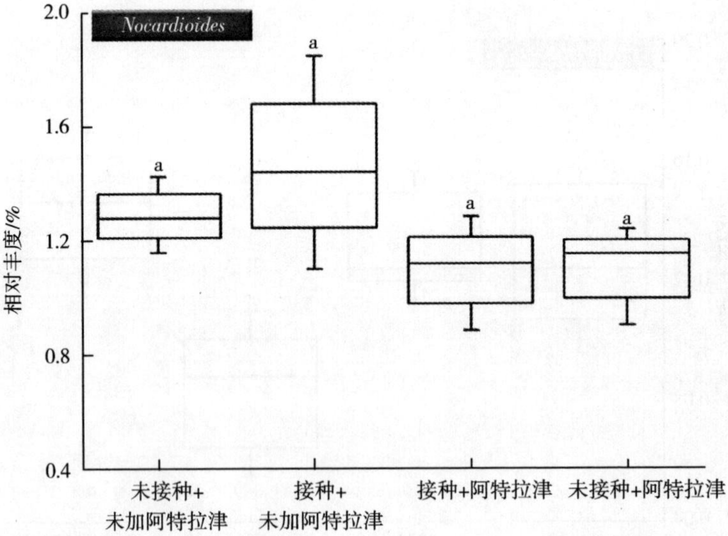
Nocardioides
2.0
1.6
1.2
0.8
0.4
相对丰度/%
a
a
a
a
未接种+
未加阿特拉津
接种+
未加阿特拉津
接种+阿特拉津
未接种+阿特拉津

E

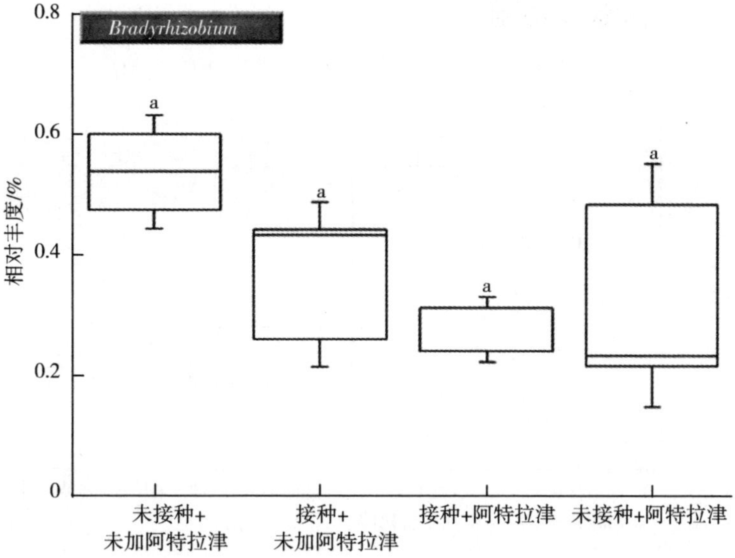
Bradyrhizobium
0.8
0.6
0.4
0.2
0
相对丰度/%
a
a
a
a
未接种+
未加阿特拉津
接种+
未加阿特拉津
接种+阿特拉津
未接种+阿特拉津

F

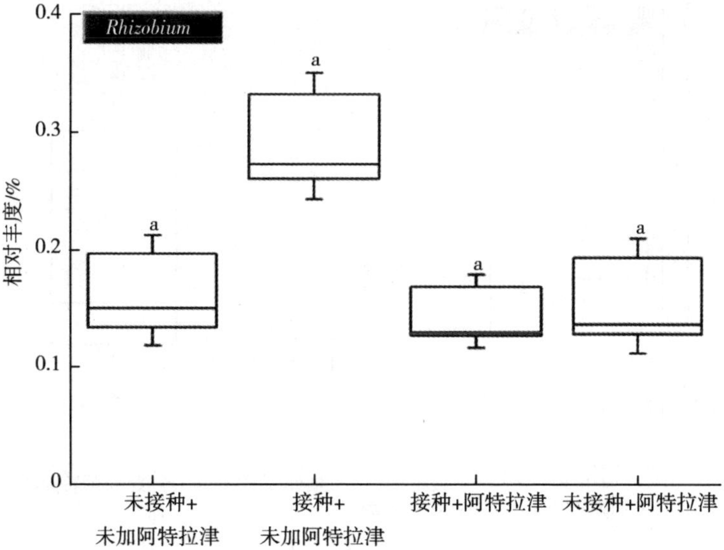
Rhizobium
0.4
0.3
0.2
0.1
0
相对丰度/%
a
a
a
a
未接种+
未加阿特拉津
接种+
未加阿特拉津
接种+阿特拉津
未接种+阿特拉津

G

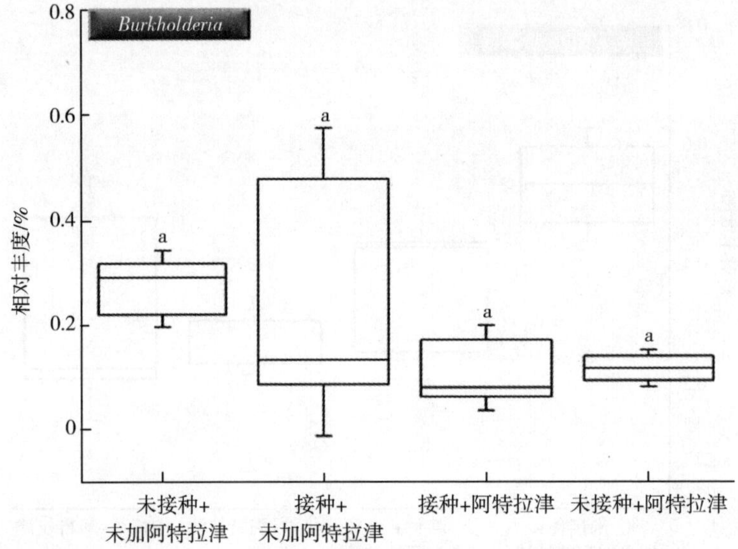
Burkholderia
0.8
0.6
0.4
0.2
0
相对丰度/%
a
a
a
a
未接种+
未加阿特拉津
接种+
未加阿特拉津
接种+阿特拉津
未接种+阿特拉津

H

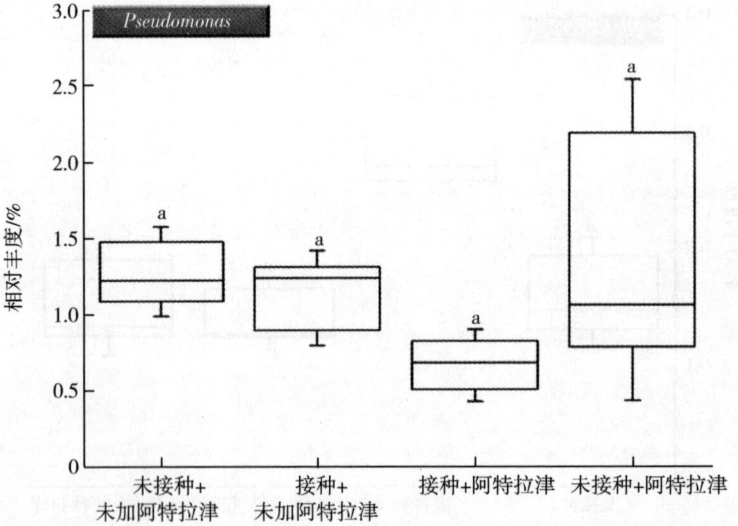
Pseudomonas
3.0
2.5
2.0
1.5
1.0
0.5
0
相对丰度/%
a
a
a
a
未接种+
未加阿特拉津
接种+
未加阿特拉津
接种+阿特拉津
未接种+阿特拉津

I

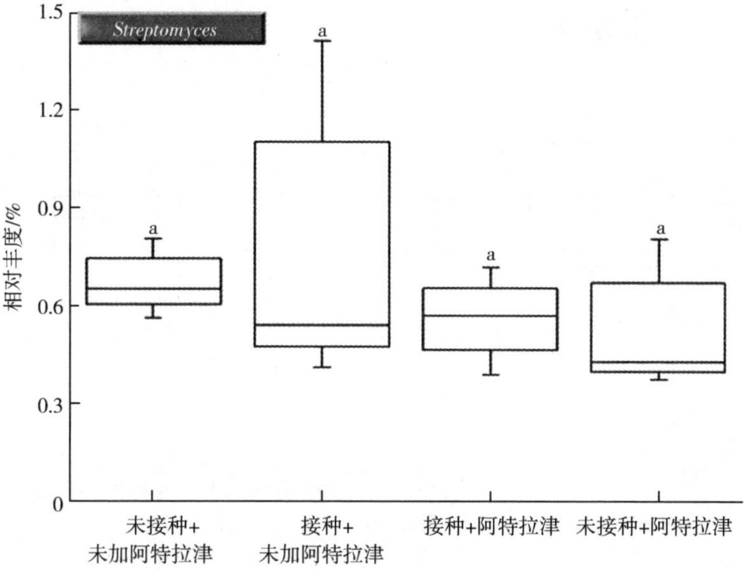
Streptomyces
相对丰度/%
1.5
1.2
0.9
0.6
0.3
0
a
a
a
a
未接种+
未加阿特拉津
接种+
未加阿特拉津
接种+阿特拉津
未接种+阿特拉津

J

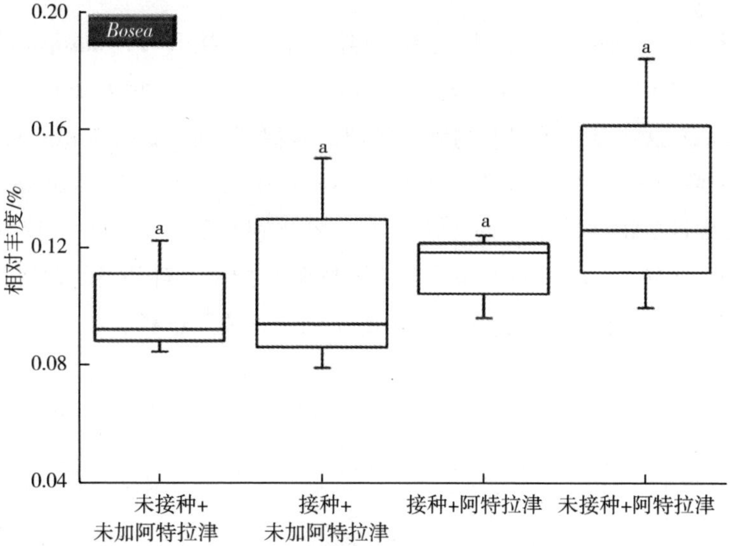
Bosea
相对丰度/%
0.20
0.16
0.12
0.08
0.04
a
a
a
a
未接种+
未加阿特拉津
接种+
未加阿特拉津
接种+阿特拉津
未接种+阿特拉津

K

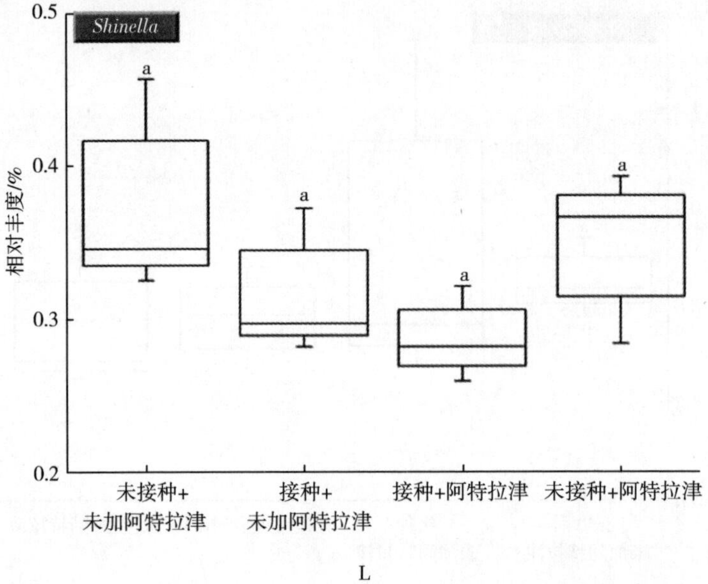

图 5－6　接种 *F. mosseae* 和施加阿特拉津对阿特拉津潜在降解细菌属的影响

如图 5－7 所示，在阿特拉津去除过程中，接种 *F. mosseae* 提高了 *Arthrobacter* 的相对丰度。*Arthrobacter* 具有阿特拉津降解基因 *atzA*、*atzB*、*trzN*、*atzC* 和 *atzD*，这些基因可以参与阿特拉津的脱烷基和脱氯，直至将阿特拉津降解为氰尿酸以及缩二脲。但接种 *F. mosseae* 降低了 *Pseudomonas* 的相对丰度，该菌属具备将阿特拉津彻底矿化为二氧化碳和氨气的一系列降解基因。由此可见，接种 *F. mosseae* 影响了具有不同阿特拉津降解基因的菌属，从而改变了阿特拉津代谢中间产物在土壤中的比例及其去除进程。

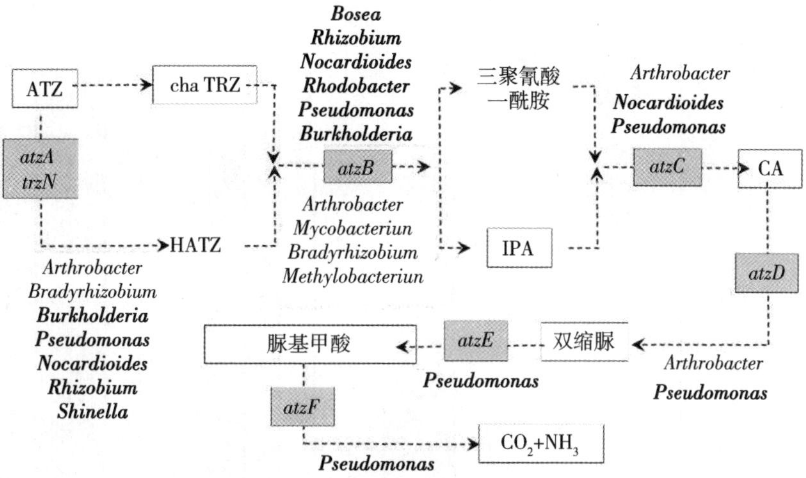

图 5－7　阿特拉津潜在降解细菌属在接种处理与未接种处理中的变化

注：正常字体为接种 *F. mosseae* 处理中的上调菌属，加粗字体为接种 *F. mosseae* 处理中的下调菌属。ATZ 为阿特拉津，HATZ 为羟基阿特拉津，IPA 为 N－异丙基三聚氰酸酰胺，CA 为氰尿酸，chaTRZ 为 2－氯－4－羟基－6－氨基－1,3,5－三嗪，*atzA* 为阿特拉津氯水解酶基因，*atzB* 为羟基阿特拉津乙胺基酰胺水解酶基因，*atzC* 为 N－异丙基三聚氰酸－酰胺异丙胺基酰胺水解酶基因，*trzN* 为三嗪水解酶基因，*atzD* 为三聚氰酸酰胺水解酶，*atzE* 为双缩脲水解酶，*atzF* 为脲基甲酸水解酶。

5.3.6　接种 *F. mosseae* 与施加阿特拉津对土壤酶活性的影响

如图 5－8 所示，在阿特拉津施加以前，接种 *F. mosseae* 显著提高了脱氢酶、脲酶、酸性磷酸酶和碱性磷酸酶的活性（$p < 0.05$）。施加阿特拉津以后，脱氢酶、脲酶和酸性磷酸酶活性受到了显著抑制（$p < 0.05$），但接种处理仍然显著提高了脱氢酶、脲酶、酸性磷酸酶和碱性磷酸酶的活性（$p < 0.05$）。特别是碱性磷酸酶，施加阿特拉津并未对其产生明显抑制作用（$p > 0.05$），接种处理中其活性反而显著高于未接种处理。

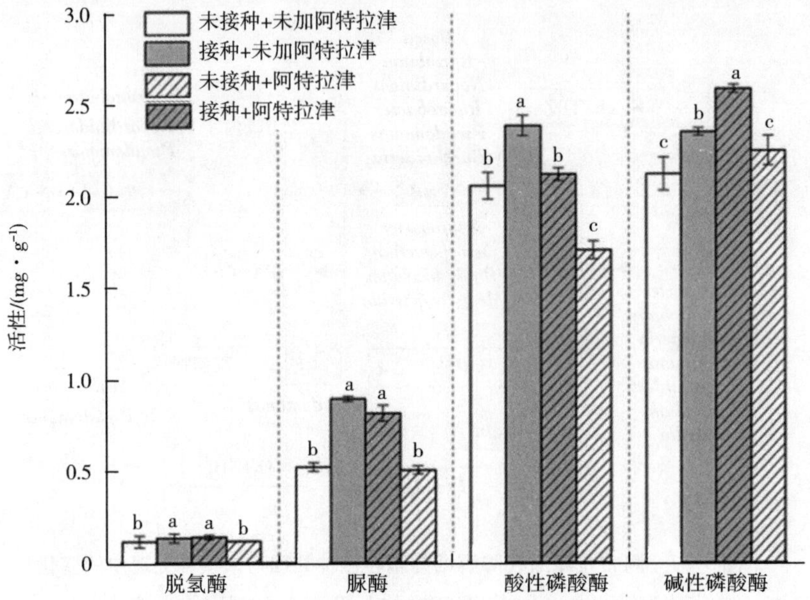

图 5-8 接种 *F. mosseae* 和施加阿特拉津对土壤脱氢酶、脲酶、酸性磷酸酶和碱性磷酸酶活性的影响

5.4 讨论

丛枝菌根共生关系对植物的重要功能已经得到深入的探索，但丛枝菌根真菌对土壤中其他微生物的影响仍未被完全了解，研究人员对此展开了大量的研究。在宿主植物根际，丛枝菌根真菌与土壤其他微生物群落存在养分竞争，但同时丛枝菌根真菌分泌物，如糖类、脯氨酸、异柠檬酸盐和柠檬酸等又有利于土壤细菌群落的生长发育，特别是细菌 γ-proteobacteria 纲的相对丰度，因此接种丛枝菌根真菌对根际微生物群落影响的研究结果不尽一致；有时丛枝菌根真菌对根际微生物起促进作用，如郭欢等人报道了红花（*Carthamus tinctorius* L.）分别接种 *G. mosseae*、*G. intraradices* 及混合菌（*G. mosseae*、*G. intraradices*、*G. cladoideum*、*G. microagregatum*、*G. caledonium* 和 *G. etunica-*

tum)后,盛花期根际细菌种群数量均显著提高;有时丛枝菌根真菌对根际微生物起抑制作用;有时甚至没有影响。Marschner 和 Baumann 等人采用变性梯度凝胶电泳技术研究发现,接种 *G. mosseae* 和 *G. intraradices* 改变了根际细菌群落结构,且这种改变效应在一定程度上是由宿主植物种类介导产生的。此外,如 Mechri 等人采用磷脂脂肪酸相关技术,Nuccio 等人通过 16S rRNA 微阵列方法,也都证明了由于接种丛枝菌根真菌根际细菌群落发生了变化。本书利用 16S rRNA 测序技术对根际细菌群落的组成和结构进行了探究,结果表明,接种 *F. mosseae* 显著降低了细菌在科、属水平上的多样性指数,但均匀度未发生显著改变。该结果与接种 *R. intraradices* 和 *G. hoi* 的结果不一致,其中接种 *R. intraradices* 对 OTU 数量、丰度指数和多样性指数均未产生显著影响,接种 *G. hoi* 对多样性指数也未产生显著影响。

阿特拉津可以作为一些细菌群落的唯一碳源、氮源而为其生长提供能量。在本书中,细菌属 *Rhodobacter*、*Bosea* 和 *Shinella* 的相对丰度在阿特拉津施加后均呈现增加趋势,并且阿特拉津也改变了细菌群落结构,该结果与其他研究人员的结论保持一致,即阿特拉津降低了细菌群落的多样性指数。

另外,大量的研究表明,施加阿特拉津可以诱导一些细菌获得一系列阿特拉津降解基因,并快速地扩散到其他菌属,增加了从严重污染样地分离出阿特拉津降解细菌的概率,因此,细菌群落对阿特拉津在土壤中的去除起到了重要的作用。虽然丛枝菌根对阿特拉津去除的显著促进作用已经明确,但细菌群落,特别是具有阿特拉津降解功能的细菌群落变化并未十分清晰。为了揭示利用丛枝菌根去除阿特拉津过程中细菌群落的特定变化,本书对阿特拉津降解细菌群落进行了深入分析。其中细菌门 Actinobacteria、Proteobacteria 和 Firmicutes 包括所有的阿特拉津降解细菌,且这 3 个纲的相对丰度在本书的研究中位于前三位。在阿特拉津去除过程中,因接种 *F. mosseae* 相对丰度增加的细菌属中,*Arthrobacter* 因具备降解基因 *atzA*、*atzB*、*atzC*、*atzD* 和 *trzN* 而具有较高的降解能力。*Arthrobacter* 在 30 ℃ 下、24 h 之内,能将 60% 的 100 mg · L^{-1}阿特拉津降解成为氰尿酸。另外 *Mycobacterium* 是因接种 *F. mosseae* 相对丰度增加最多的细菌属,该细菌属因具有 *atzB* 可将 2 - 氯 - 4 - 羟基 - 6 - 氨基 - 1,3,5 - 三嗪降解至氰尿酰胺。Modrá 等人发现 *Mycobacteri-*

um 需要一个适应过程去接触阿特拉津降解细菌，才能获得开始降解阿特拉津的能力。细菌属 *Pseudomonas* 具备将阿特拉津彻底矿化至二氧化碳和氨气的一套完整降解基因，然而在阿特拉津去除过程中，接种 *F. mosseae* 对 *Pseudomonas* 相对丰度的抑制高达 42.86%。

土壤磷酸酶通过催化磷酸单酯和磷酸二酯水解而将土壤中有机磷酯转化为无机态磷，从而供植物直接吸收利用。在本书中，接种 *F. mosseae* 显著提高了根际土壤中磷酸酶的活性，这是因为丛枝菌根真菌能够释放由丛枝菌根真菌合成的磷酸酶，从而改善根系系统的营养水平。土壤脱氢酶反映土壤微生物新陈代谢的整体活性以及其对有机物的降解活性，可以作为微生物氧化还原能力和降解性能的指标；脲酶可催化尿素和有机氮转化为铵态氮，从而有利于植物吸收。同样，接种 *F. mosseae* 引起的脱氢酶和脲酶活性升高与之前的研究结果保持一致。在阿特拉津去除过程中，虽然阿特拉津抑制了酸性磷酸酶、碱性磷酸酶、脱氢酶和脲酶的活性，但是接种 *F. mosseae* 仍然提高了它们的活性。这可能是因为丛枝菌根真菌提高了可以产生脲酶的细菌属 *Mycobacterium*、*Streptomyces*、*Mesorhizobium* 和 *Bacillus* 的相对丰度，同时也改变了根系和真菌分泌物，从而提高了土壤酶活性。

5.5 本章小结

本书的研究结果表明，丛枝菌根在去除阿特拉津的过程中也改变了根际细菌群落结构。在细菌科、属水平上，接种处理显著降低了群落的多样性指数（$p<0.05$），并且多样性指数在阿特拉津去除过程中进一步显著降低（$p<0.05$）。然而，阿特拉津对细菌群落均匀度在纲（$p<0.01$）、科（$p<0.001$）和属（$p<0.001$）水平上均表现显著的抑制作用。本书共鉴定到 12 个相对丰度 >0.1% 且具有阿特拉津降解能力的细菌属，在阿特拉津去除过程中，接种处理提高了 *Arthrobacter*、*Burkholderia*、*Mycobacterium* 和 *Streptomyces* 的相对丰度，但接种处理也降低了 *Nocardioides*、*Pseudomonas*、*Bradyrhizobium*、*Rhizobium*、*Rhodobacter*、*Methylobacterium*、*Bosea* 和 *Shinella* 的相对丰度。另外，接种处理中的脱氢酶、脲酸、酸性磷酸酶和碱性磷酸酶活性在阿特拉津去除过程中仍显著高于未接种处理。

6

F. mosseae 菌丝对阿特拉津胁迫下细菌降解基因的影响

6.1 概述

大量的阿特拉津降解细菌从污染样地中分离获得且大多属于 γ - proteobacteria，如革兰氏阴性菌 *Pseudomonas*、*Sinorhizobium* 和 *Polaromonas*，通过 *atzA*、*atzB* 和 *atzC* 编码酶将阿特拉津代谢至氰尿酸，再经 *atzD*、*atzE* 和 *atzF* 编码相关蛋白彻底矿化为二氧化碳和氨气。革兰氏阳性菌 *Arthrobacter*、*Nocardioides* 和 *Rhodococcus*，其中 *Arthrobacter aurescens* TC1、*Arthrobacter* sp. strain AD1、*Nocardioides* sp. strains C157 和 C190 等，均可以阿特拉津为唯一氮源和碳源进行生长，但大多都是由 *trzN*、*atzB* 和 *atzC* 编码酶进行初始代谢，其中 *trzN* 与 *atzA* 编码酶功能相似。另外，Nousiainen 等人发现经阿特拉津处理后的土壤中，每克干土中降解基因 *trzN*、*atzA* 和 *atzB* 拷贝数高达 $10^4 \sim 10^5$ 且能有效表达，显著高于未处理土壤。研究人员施加阿特拉津不同剂量、采用不同施加频率，发现随着阿特拉津的去除，细菌群落结构呈现抑制—恢复—刺激的变化趋势，发现了 7 个潜在阿特拉津降解菌属，其中 *Nocardioides*、*Bradyrhizobium*、*Methylobacterium* 和 *Arthrobacter* 的相对丰度随着阿特拉津浓度和施加频率的增加而增加。

由此，本章主要研究丛枝菌根去除阿特拉津过程中，根际细菌群落的功能和结构多样性的变化，以明确 *F. mosseae* 菌丝对阿特拉津降解基因的影响，揭示阿特拉津去降与丛枝菌根根际细菌降解基因之间的潜在关系。

6.2 材料与方法

6.2.1 试验设计

M. sativa 种子由黑龙江省农业科学院草业研究所提供，利用 10% H_2O_2 对种子表面消毒 10 min，在暗处催芽 24 h 后待播种。

培养基质为林下土、沙子、蛭石以 5∶2∶3 的比例混合,并在 121 ℃、0.1 MPa下灭菌 1.5 h,以灭活基质中携带的土著丛枝菌根真菌孢子。

供试丛枝菌根真菌为 *F. mosseae*,曾用名摩西球囊霉(*G. mosseae*),接种物由孢子、菌丝以及菌根片段组成,每克接种物中约有 25 个孢子,由黑龙江大学修复生态实验室扩繁保藏。

将 *M. sativa* 苗木在蛭石中培养 14 天之后,选取生长良好的植株,将其手动分根并移至图 6-1 所示的装置中,尽量保证隔板两侧分根的生物量一致。

A

B

图 6－1　*M. sativa* 苗木分根培养装置

如图 6－2 所示，共形成 3 种处理：FM 处理中 A 室和 B 室均以 2% 接种量在培养基质下半部均匀布撒 *F. mosseae* 接种物，防止浇水时接种物中的孢子迁移至另一侧的培养基质中；CK 处理中 A 室和 B 室均接种相同比例已灭活的 *F. mosseae* 接种物；NFM 处理是向 B 室接种相同比例 *F. mosseae* 接种物，A 室接种相同比例已灭活的 *F. mosseae* 接种物。当菌根侵染率高到 80% 以上，即 *F. mosseae* 与 *M. sativa* 形成共生关系后，分别向 CK 处理、FM 处理和 NFM 处理的 A 室培养基质中缓慢添加 10 mg · kg^{-1} 阿特拉津溶液进行胁迫，浇水时需缓慢以防止阿特拉津迁移至另一侧的培养基质中。

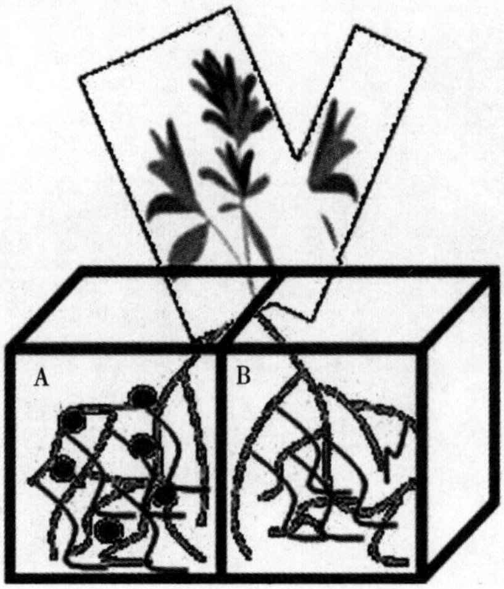

A

B

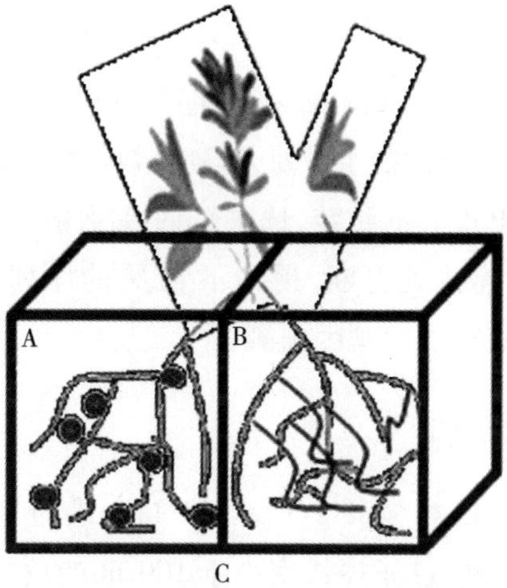

图 6-2 分根试验不同处理的示意图

注:图 A 为 FM 处理,图 B 为 CK 处理,图 C 为 NFM 处理。

6.2.2 根际土壤采集与总 DNA 提取

方法参见 5.2.2。

6.2.3 宏基因组测序与生物信息分析

6.2.3.1 文库构建与库检

利用超声波 DNA 破碎仪将符合上机要求的 DNA 样品随机打断成约 350 bp片段,经 DNA 末端修复、DNA 片段 3' 端加 A 尾、加测序接头、纯化、PCR 扩增等步骤完成整个测序文库构建。然后,利用 Qubit 2.0 将文库定量并稀释至 2 ng · μL^{-1},通过 Agilent 2100 生物分析仪对文库进行插入片段检测,符合预期后,使用 Q-PCR 方法准确保证文库有效浓度大于 3 nmol/L。本书宏基因组测序由 Illumina PE150 平台完成。

6.2.3.2 宏基因组质控与组装

首先去除下机原始数据(raw data)中的一些低质量数据,如低质量碱基、达到一定比例的N碱基以及宿主过滤,得到有效数据(clean data)。将质控获得的有效数据经SOAP denovo组装,选取kmer参数值为55,得到scaffold水平的组装结果,再从N连接处打断,得到不含N的序列片段scaftigs,过滤掉500 bp以下的片段并进行后续基因预测。

6.2.3.3 基因预测与物种注释

采用MetaGeneMark对scaftigs(≥500 bp)进行开放阅读框架(open reading frame,ORF)预测,过滤掉长度小于100 nt的信息。采用CD-HIT程序进行去冗余后获得初始基因目录(gene catalogue)。通过SOAPaligner将各样品的有效数据与初始基因目录对比,可获得后续分析的基因目录(非重复序列)在各样品中的丰度信息。之后,将去冗余的unigene与MicroNR库进行比对(Diamond,*E*值≤1E-5),获得每个基因(unigene)的物种注释信息,结合基因丰度表,获得不同分类层级的物种丰度(annotation abundance)。另外,从基因目录出发,进行代谢通路等功能注释和丰度分析。

6.2.4 数据分析

利用SPSS 19.0软件,以$p<0.05$作为显著性阈值进行统计分析。

6.3 结果与分析

6.3.1 分根试验

据图6-3可以看出,*M. sativa*植株在分根试验中生长良好。由FM处理和NFM处理中*F. mosseae*侵染率可知,*F. mosseae*和*M. sativa*形成了良好的共生关系,为进一步研究提供了可靠的试验材料。

图 6-3 分根试验中 *M. sativa* 的生长情况

6.3.2 测序与生物信息分析结果

取 3 μL 总 DNA 进行 1.5% 琼脂糖凝胶电泳,可见有明显条带,如图 6-4 所示,说明该 DNA 样品能够满足后续建库测序要求。

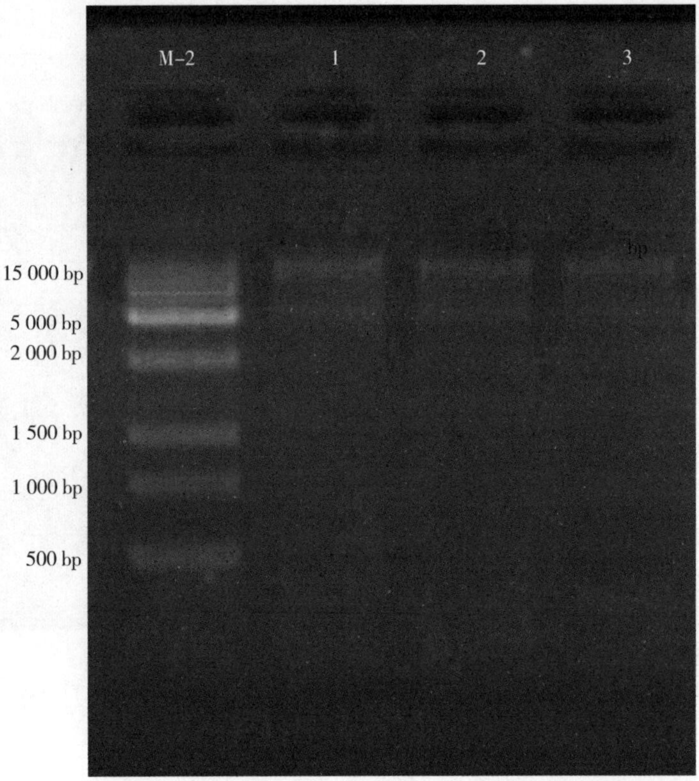

M. DNA Marker DL15000；1. CK 处理；2. FM 处理；3. NFM 处理。

图 6－4　根际细菌群落 DNA 电泳图

采用 Illumina PE150 平台获得 3 种不同处理的原始数据后，经数据质控获得的数据如表 6－1 所示。

将 FM、CK 和 NFM 3 个处理的样本质控获得的有效数据经 SOAPdenovo 组装后，得到 scaffold 水平的组装结果，从 N 连接处打断，得到不含 N 的序列片段 scaftigs，具体统计结果如表 6－2 所示。

表 6－1 数据质控处理结果

处理	原始数据/Mbp	测序片段/条	有效数据/%	Q20/%	Q30/%	GC/%	有效率/%
FM	7 994.32	53 295 452	7 972.61	97.87	93.86	63.99	99.729
CK	8 623.79	57 491 914	8 597.16	97.93	94.03	63.99	99.729
NFM	7 447.00	49 646 672	7 421.16	98.01	94.19	63.99	99.729

表 6－2 宏基因组组装 scaftigs 结果

处理	全长/bp	scaftigs 数量/个	平均长度/bp	N50 长度/bp	N90 长度/bp	最大长度/bp
FM	320 747 239	367 091	873.75	836	541	254 266
CK	365 295 581	407 332	896.80	874	544	77 032
NFM	421 792 289	476 159	885.82	872	546	57 584

组装后获得的 scaftigs 总数为 1 250 582 个。在 NFM 处理中，scaftigs 总长度为 421 792 289 bp，scaftigs 数量为 476 159 个，二者均高于 FM 处理和 CK 处理。而最长的 scaftigs 为 254 266 bp，出现在 FM 处理中。

采用 MetaGeneMark 对 scaftigs(≥500 bp)进行开放阅读框架预测，并过滤掉长度小于 100 nt 的信息。经基因预测后可见，FM 处理的开放阅读框架数量最多，为 732 282 个。既有起始密码子也有终止密码子的开放阅读框架在 FM、CK 和 NFM 处理中的数量分别为 153 850、135 352 和 120 711。CK 处理的开放阅读框架平均长度最长。见表 6 - 3。

如图 6 - 5 所示，FM、CK 和 NFM 3 个处理的共有基因为 1 188 301 个，其中 NFM 处理特有基因为 52 668 个，FM 处理特有基因为 52 087 个，CK 处理特有基因为 102 497 个。由此可见，这 3 种处理的共有基因数量较多。另外，接种 *F. mosseae* 后，无论土壤中是否有菌丝存在，*M. sativa* 根际土壤中的特有基因数都较未接种处理的少。

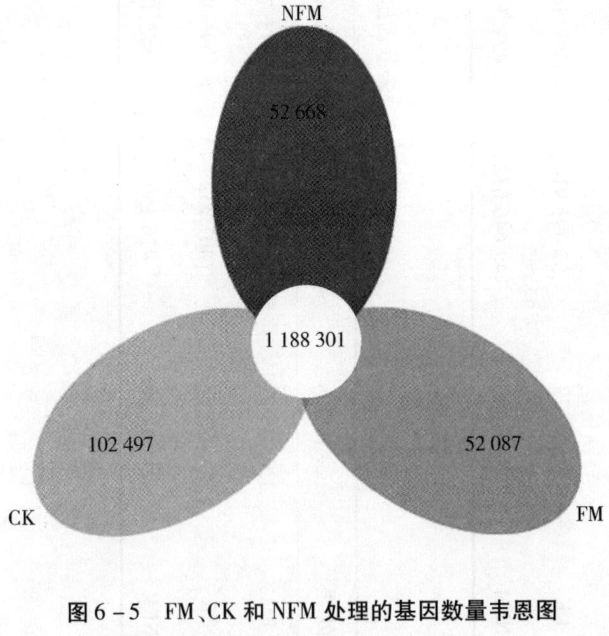

图 6 - 5 FM、CK 和 NFM 处理的基因数量韦恩图

表 6－3 基因预测结果

处理	开放阅读框架	integrity:none	integrity:end	integrity:start	integrity:all	全长	平均长度	GC/%
FM	732 282	122 576(16.74%)	193 582(26.44%)	262 274(35.82%)	153 850(21.01%)	379.80	518.66	66.35
CK	630 993	106 467(16.87%)	165 622(26.25%)	223 552(35.43%)	135 352(21.45%)	329.53	522.24	65.99
NFM	551 958	91 926(16.65%)	143 810(26.05%)	195 511(35.42%)	120 711(21.87%)	282.64	512.07	64.96

注:integrity:none 表示没有起始密码子也没有终止密码子的基因数目及百分比;integrity:end 表示只含有终止密码子的基因数目及百分比;integrity:start 表示只含有起始密码子的基因数目及百分比;integrity:all 表示完整基因(既有起始密码子也有终止密码子)数目的百分比。

6.3.3 *F. mosseae* 菌丝对根际细菌群落组成的影响

见图 6-6,在门水平上,FM、CK 和 NFM 3 个处理中前十位的物种信息分别为 Proteobacteria(39.5% ~46.6%)、Actinobacteria(17.7% ~25.6%)、Gemmatimonadetes(5.2% ~5.6%)、Bacteroidetes(4.0% ~5.1%)、Acidobacteria(3.0% ~3.4%)、Verrucomicrobia(2.1% ~2.3%)、Chloroflexi(1.6% ~1.9%)、Cyanobacteria(0.7% ~0.9%)、Planctomycetes(0.7% ~0.9%)、Firmicutes(0.7% ~0.8%)。据 Bray-Curtis 距离可知,接种 *F. mosseae* 的 FM 处理和 NFM 处理在门水平上较为相似。

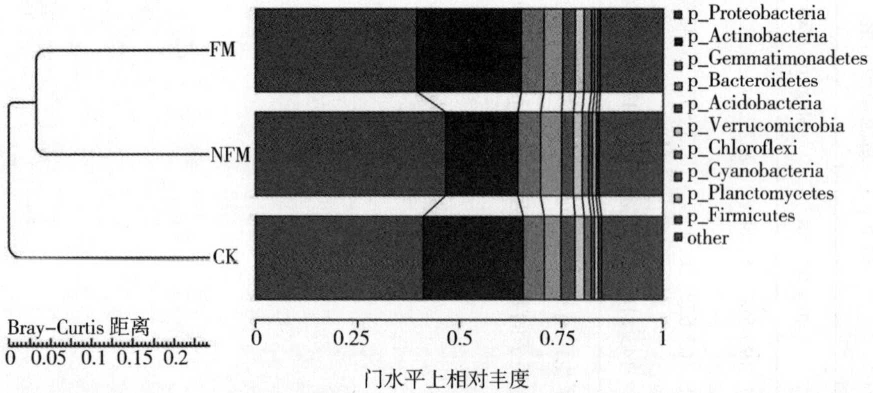

图 6-6 门水平上相对丰度前十位的物种注释结果及 Bray-Curtis 聚类树

如图 6-7 所示,在 CK 处理中,细菌属 *Marmoricola*、*Haliangium*、*Sporichthya*、*Devosia*、*Opitutus*、*Pseudolabrys* 和 *Pedosphaera* 的相对丰度较高;在 FM 处理中,*Dongia*、*Glycomyces*、*Arthrobacter*、*Streptomyces* 和 *Rhodoplanes* 的相对丰度较高;在 NFM 处理中,*Novosphingobium*、*Sphingomonas*、*Flavisolibacter*、*Ramlibacter* 和 *Hassallia* 的相对丰度较高。

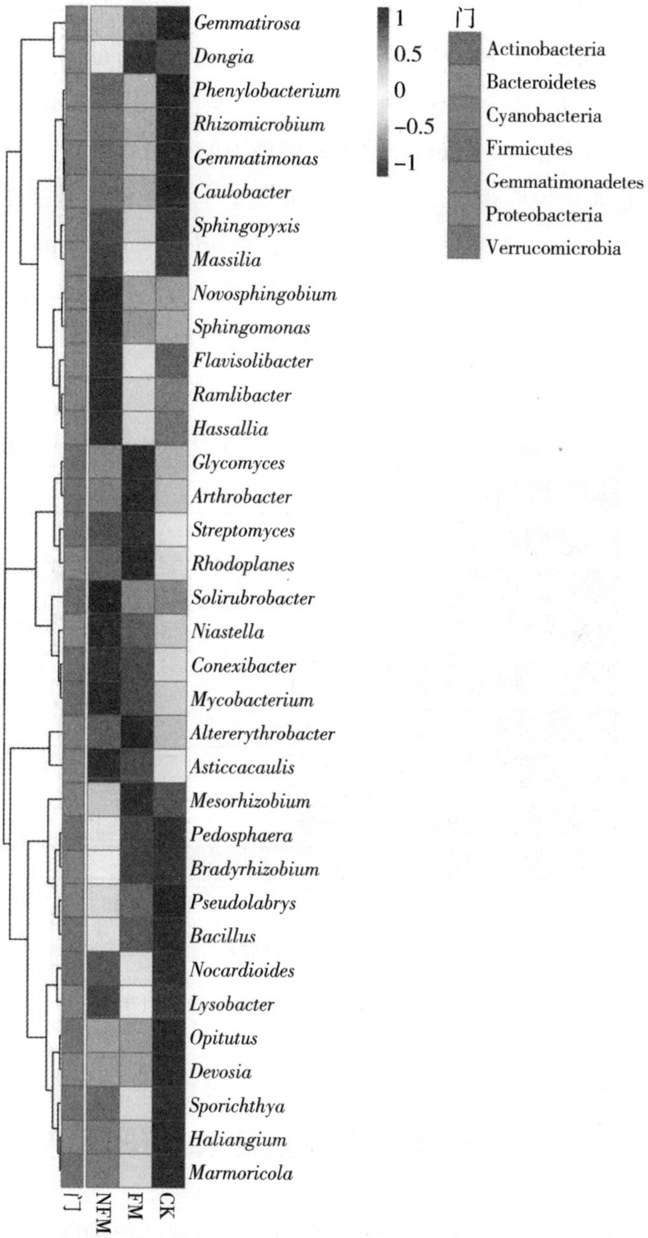

图 6 - 7　不同处理在属水平的基因数目及丰度聚类热图

另外，在属水平（图6－8），相对丰度位于前十位的分别为 *Sphingomonas*、*Streptomyces*、*Nocardioides*、*Pseudolabrys*、*Gemmatirosa*、*Rhodoplanes*、*Bradyrhizobium*、*Mesorhizobium*、*Marmoricola* 和 *Devosia* 并依次减少。其中 *Marmoricola*、*Devosia*、*Bradyrhizobium* 和 *Nocardioides* 在 CK 处理中的相对丰度均高于接种处理（NFM 和 FM 处理），说明接种 *F. mosseae* 抑制了上述4种细菌属的生长，但提高了 *Sphingomonas* 的相对丰度。此外，*Mesorhizobium*、*Sphingomonas* 和 *Pseudolabrys* 在 NFM 处理中的相对丰度大于 FM 处理，说明 *F. mosseae* 菌丝的存在抑制了它们的生长，而促进了 *Streptomyces* 的增殖。

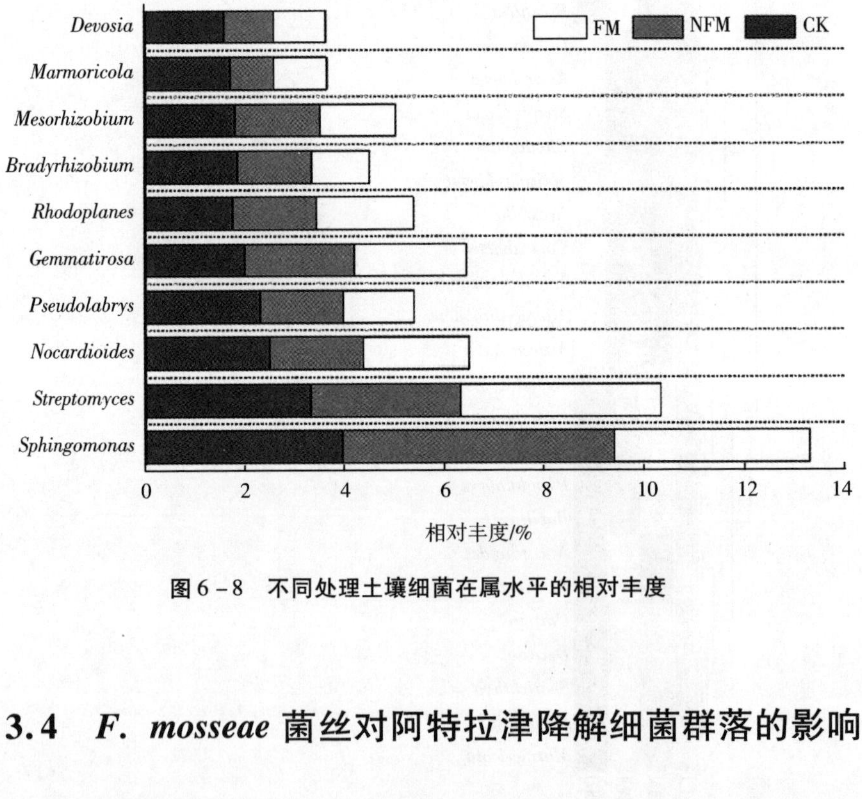

图6－8 不同处理土壤细菌在属水平的相对丰度

6.3.4 *F. mosseae* 菌丝对阿特拉津降解细菌群落的影响

如图6－9所示，本书中相对丰度较高的阿特拉津降解细菌主要为细菌门 Proteobacteria 中的 Rhizobiales 和 Burkholderiales，以及细菌门 Actinobacteria 中的 Solirubrobacterales、Sphingomonadales、Micrococcales 和 Streptomycetales。在接种处理（NFM 和 FM 处理）中，*Novosphingobium*（0.92% 和 0.79%）、*Massilia*

(0.96%和0.93%)均高于 CK 处理,且 NFM 处理中的相对丰度高于 FM 处理。但 *Arthrobacter* 和 *Bradyrhizobium* 相对丰度在接种处理中均受到了抑制,*Arthrobacter* 由 0.73%(CK 处理)分别降至 0.67%(NFM 处理)和 0.69%(FM 处理);*Bradyrhizobium* 由 1.69%(CK 处理)分别降至 1.61%(NFM 处理)和 1.49%(FM 处理)。*Rhodoplanes* 在 3 种处理中没有变化。另外,有的细菌属在接种处理中的变化趋势不一致,如 FM 处理中 *Streptomyces* 的相对丰度由 3.72%提高至 3.81%,但在 NFM 处理中又降至 3.55%。

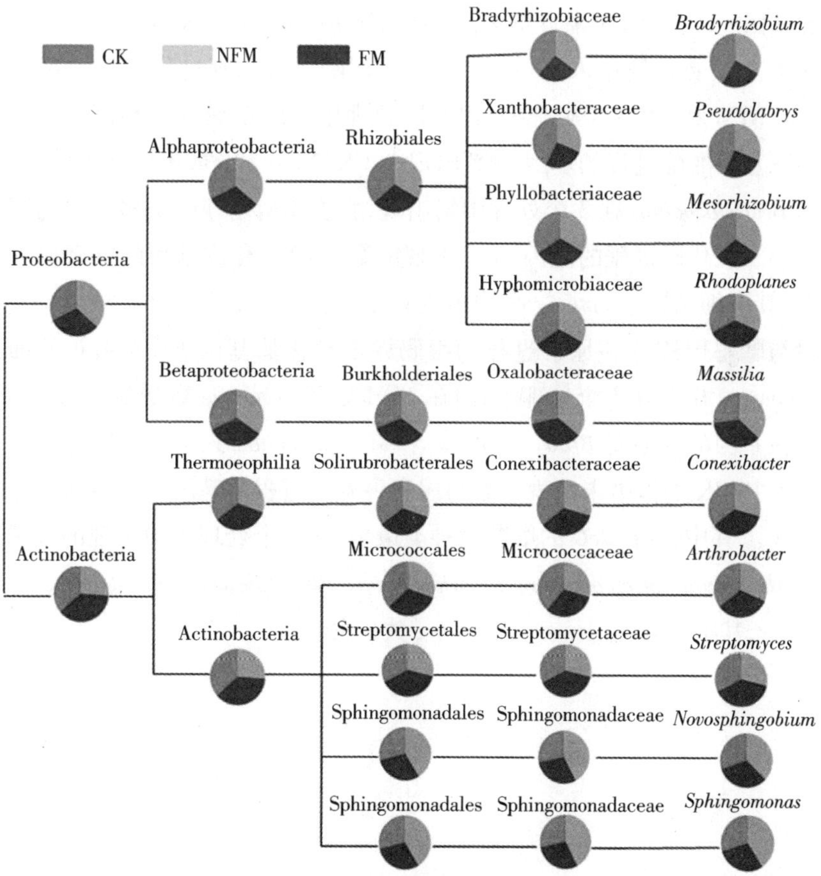

图 6-9 丰度前十位的阿特拉津降解细菌在不同处理中的谱系

6.3.5 *F. mosseae* 菌丝对阿特拉津降解基因的影响

在 CK、NFM 和 FM 处理中，参与阿特拉津降解的基因 *atzA*、*trzN*、*trzB*、*triA*、*trzA* 等均未检测到。如图 6－10 和表 6－4 所示，参与 2－氯－4－羟基－6－氨基－1,3,5－三嗪→三聚氰酸一酰胺和羟基阿特拉津→N－异丙基三聚氰酸酰胺过程的基因 *atzB*，主要来自细菌属 *Arthrobacter*，该基因仅出现在 CK 处理中。参与三聚氰酸一酰胺→氰尿酸和 N 异丙基三聚氰酸酰胺→氰尿酸过程的基因 *atzC*，也同样来自细菌属 *Arthrobacter* 并仅在 CK 处理中。基因 *atzB* 和 *atzC* 相关物种信息未注释到。参与氰尿酸→双缩脲过程的基因 *atzD* 出现在 CK、NFM 和 FM 3 个处理中，但不同处理中的细菌属并不相同。参与双缩脲→脲基甲酸酯过程的基因 *atzE* 出现在 CK、NFM 和 FM 3 个处理中，其中细菌属 *Bradyhizobium* 在 3 个处理中均出现，且在 CK 处理中最多。参与脲基甲酸酯→二氧化碳过程的基因 *atzF* 出现的数量和含有该基因的细菌属种类均较多，其中细菌属 *Streptomyces* 均出现在 3 个处理中，且 hit tag 数目一致。含有参与脲基甲酸酯→尿素过程的编码尿素羧化酶基因 *E*6. 3. 4. 6 的细菌属 *Streptomyces* 出现在 3 个处理中，但在 NFM 处理中 hit tag 数量最多，高达 6 个；含有该基因的细菌属 *Bradyrhizobium* 和 *Mesorhizobium* 只出现在接种处理 NFM 和 FM 中，CK 处理中未出现。参与尿素→氨气过程的基因有 *ureA*、*ureB*、*ureAB* 和 *ureC*。其中含有 *ureC* 的细菌属种类最多，在 3 个处理中均出现的细菌属有 *Bradyrhizobium*、*Streptomyces*、*Mesorhizobium*、*Rhodoplanes*、*Ramlibacter* 和 *Aminobacter*，其中 *Streptomyces* 所含 hit tag 数量最多。

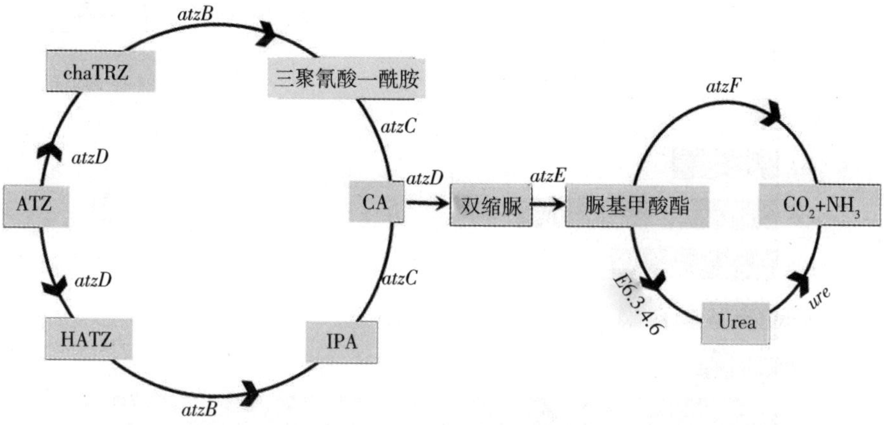

图 6－10　阿特拉津降解途径及相关降解基因

注:ATZ 为阿特拉津,HATZ 为羟基阿特拉津,IPA 为 N－异丙基三聚氰酸酰胺,
CA 为氰尿酸,chaTRZ 为 2－氯－4－羟基－6－氨基－1,3,5－三嗪,
Urea 为尿素,*atzA* 为阿特拉津氯水解酶基因,
atzB 为羟基阿特拉津乙胺基酰胺水解酶基因,
atzC 为 N－异丙基三聚氰酸－酰胺异丙胺基酰胺水解酶基因,
trzN 为三嗪水解酶基因 *atzD* 为三聚氰酸酰胺水解酶;
atzE 为缩二脲水解酶,*atzF* 为脲基甲酸水解酶,*ure* 为脲酶。

据图 6－11 可知,本书中阿特拉津降解基因 *ureC*、*E*6. 3. 4. 6 和 *atzF* 的丰度相对较高,*atzB* 和 *atzC* 的丰度最低,且只在 CK 处理中出现。基因 *ureA*、*ureB* 和 *ureC* 的丰度变化趋势相近,即 CK 处理大于接种处理,且 FM 处理大于 NFM 处理,*atzD* 和 *atzE* 的丰度在 CK 处理中大于接种处理,且 NFM 处理大于 FM 处理。只有 *ureAB* 的丰度在接种处理中均大于 CK 处理。

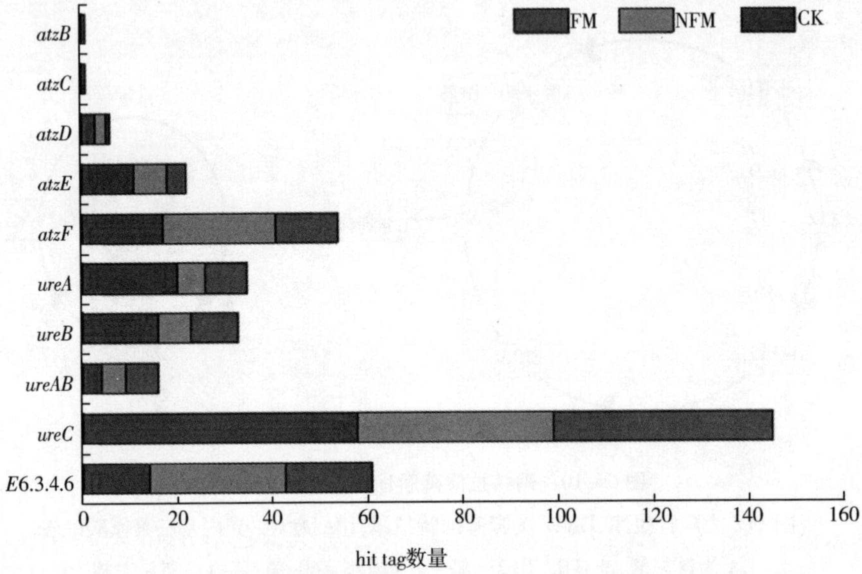

图 6－11　阿特拉津降解基因的丰度与组成

表 6-4 阿特拉津降解基因及相关细菌属

基因	CK 处理	NFM 处理	FM 处理
atzB	*Arthrobacter*(1)	—	—
atzC	*Arthrobacter*(1)	—	—
atzD	*Arthrobacter*(1) *Rhodospirillales bacterium* URHD0017(2)	*Agrobacterium*(2)	*Rhodoplanes*(1)
atzE	*Bradyrhizobium*(5) *Devosia*(2) *Rhodospirillales*(2) *Rhizobiales*(2)	*Bradyrhizobium*(3) *Sphingomonas*(2) *Achromobacter*(1)	*Rhodoplanes*(1) *Rhizobiales*(1) *Bradyrhizobium*(1)
atzF	*Paenarthrobacter*(1) *Cupriavidus*(1) *Novosphingobium*(1) *Hyphomicrobium*(1) *Devosia*(1) *Mesorhizobium*(4) *Methylobacterium*(1) *Pseudolabrys*(1) *Methylovorus*(1)	*Rhodoplanes*(1) *Novosphingobium*(2) *Skermanella*(1) *Sphingobium*(1) *Rhizobacter*(1) *Mesorhizobium*(1) *Massilia*(1) *Streptomyces*(2) *Devosia*(1)	*Methylovorus*(1) *Rhodoplanes*(2) *Streptomyces*(2) *Glycomyces*(1) *Pseudolabrys*(1)

续表

基因	CK 处理	NFM 处理	FM 处理
*E*6. 3. 4. 6	*Sorangium*(1) *Streptomyces*(4) *Rhizobium*(1) *Alloactinosynnema*(1) *Arthrobacter*(1) *Bacillus*(1) *Nocardia*(1) *Blastococcus*(1)	*Mesorhizobium*(1) *Novosphingobium*(1) *Streptomyces*(6) *Arthrobacter*(2) *Sphingomonas*(1) *Bradyrhizobium*(1) *Devosia*(2) *Polaromonas*(2) *Pseudomonas*(2) *Pseudoxanthomonas*(1) *Cyanothece*(1) *Dongia*(1)	*Mesorhizobium*(2) *Bradyrhizobium*(1) *Streptomyces*(5) *Amycolatopsis*(1) *Hyphomicrobium*(1) *Caulobacter*(1)
ureA	*Mesorhizobium*(2) *Rhodoplanes*(1) *Frankia*(1) *Streptomyces*(1) *Microbacterium*(1)	*Bradyrhizobium*(1) *Rhizobacter*(1)	*Arthrobacter*(1) *Dongia*(1) *Microbacterium*(1)
ureB	*Asanoa*(1) *Mesorhizobium*(2) *Niastella*(1) *Bradyrhizobium*(1) *Devosia*(1) *Actinoplanes*(1)	*Streptomyces*(1) *Bacillus*(1)	*Mycobacterium*(1) *Dongia*(1) *Hymenobacter*(1) *Streptomyces*(1) *Mesorhizobium*(1)

续表

基因	CK 处理	NFM 处理	FM 处理
ureAB	*Labilithrix*(1) *Skermanella*(1)	*Rhodococcus*(1) *Streptomyces*(1) *Aminobacter*(1)	*Streptomyces*(2) *Corallococcus*(1)
ureC	*Streptomyces*(3)　*Conexibacter*(1) *Frankia*(1)　*Aminobacter*(1) *Mesorhizobium*(5)　*Pseudomonas*(2) *Sorangium*(1)　*Reyranella*(1) *Candidatus*(1)　*Bradyrhizobium*(1) *Skermanella*(1)　*Nitrosocosmicus*(1) *Ramlibacter*(1)　*Rhodoplanes*(1) *Niastella*(1)　*Mycobacterium*(1) *Rhizobium*(1)　*Hylemonella*(1) *Thermomicrobium*(1)　*Pseudolabrys*(1)	*Streptomyces*(3)　*Bosea*(1) *Devosia*(1)　*Solirubrobacter*(1) *Conexibacter*(1)　*Ramlibacter*(3) *Arthrobacter*(1)　*Bacillus*(2) *Bradyrhizobium*(3)　*Pseudolabrys*(2) *Mesorhizobium*(1)　*Aminobacter*(1) *Rhodoplanes*(1)	*Reyranella*(1) *Rhodoplanes*(3)　*Dongia*(2) *Bradyrhizobium*(1)　*Niastella*(1) *Mesorhizobium*(2)　*Aminobacter*(1) *Thiorhodococcus*(1)　*Streptomyces*(3) *Rhodovulum*(1)　*Ramlibacter*(1) *Thermogemmatispora*(1)　*Devosia*(2)

注:括号内数字为 hit tag 数量。

阿特拉津侧链经 atzB 和 atzC 降解后，产生的乙醇胺(ethanolamine)和异丙胺(isopropylamine)可以被许多微生物群落利用，其中乙醇胺可被 eutA、eutB 和 eutC 代谢为乙醛。

如图 6－12 和表 6－5 所示，虽然 *eutA*、*eutB* 和 *eutC* 在不同处理中所占比例不同，但 NFM 和 FM 处理中的基因总丰度一致，且均低于 CK 处理的基因总丰度。细菌属 *Rhodoplanes* 在不同处理中的 hit tag 数量最大。在 FM 处理中，具有 *eutA*、*eutB* 和 *eutC* 基因的细菌属显著减少，也表明了 *F. mosseae* 菌丝对功能细菌群落多样性的抑制作用。

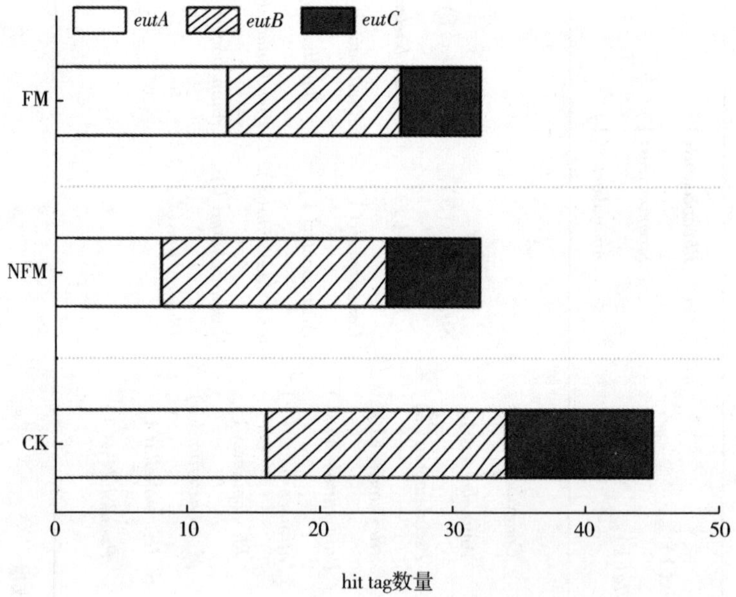

图 6－12　阿特拉津侧链降解基因的丰度

表 6－5　阿特拉津侧链降解基因及相关细菌属

基因	CK 处理	NFM 处理	FM 处理
eutA	*Rhodoplanes*(4) *Pusillimonas*(2) *Nonomuraea*(1) *Microbacterium*(1) *Bacillus*(1)	*Rhodoplanes*(5) *Microbacterium*(1) *Bacillus*(1)	*Rhodoplanes*(6) *Microbacterium*(3)
eutB	*Rhodoplanes*(3) *Bacillus*(1) *Niastella*(1) *Streptomyces*(1) *Sphingomonas*(1) *Caulobacter*(1) *Hyphomicrobium*(1)	*Rhodoplanes*(5) *Bacillus*(2) *Streptomyces*(1) *Massilia*(1) *Pseudomonas*(1) *Bradyrhizobium*(1) *Hyphomicrobium*(1) *Paludibacterium*(1)	*Rhodoplanes*(3) *Streptomyces*(2) *Pseudomonas*(1) *Azospirillum*(1) *Chitinimonas*(1) *Niastella*(1)
eutC	*Rhodoplanes*(3) *Hyphomicrobium*(1) *Bradyrhizobium*(1) *Streptomyces*(1) *Bacillus*(1)	*Rhodoplanes*(1) *Pseudomonas*(1) *Noviherbaspirillum*(1) *Massilia*(1) *Xylophilus*(1) *Bacillus*(1)	*Rhodoplanes*(2) *Streptomyces*(1) *Niastella*(1)

注:括号内数字为 hit tag 数量。

6.3.6　*F. mosseae* 菌丝对参与氮素循环基因的影响

尿素作为阿特拉津的中间代谢产物,不仅可以通过脲酶释放出氨气,也可以转化为铵态氮，铵态氮同时参与其他氮素 NO_3^-、NO_2^-、N_2 等形式的转化，并且作为精氨酸、L-谷氨酸等合成的前体物，见图 6-13。

如图 6-13 所示，铵态氮（NH_4^+）通过氨单加氧酶（ammonia monooxygenase）转化为羟胺（NH_2OH），在 3 个处理中同时出现了氨单加氧酶编码基因 *amoA/B/C*；NH_2OH 通过羟胺脱氢酶（hydroxylamine dehydrogenase）转化为 NO_2^-，在 3 个处理中也同时出现了羟胺脱氢酶编码基因 *hao*。

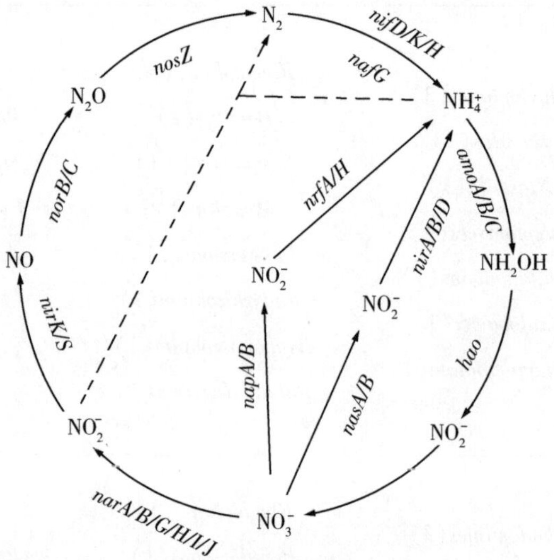

图 6-13 参与氮素循环功能基因的示意图

根据表 6-6 可知，本书中具有该基因的细菌属集中在 Proteobacteria 的 *Solimonas*、硝化螺旋菌门（Nitrospirae）的 *Nitrospira* 和 Actinobacteria 门的 *Streptomyces*。另外，氨单加氧酶基因丰度在 NFM 处理中较高。由此可知，*F. mosseae* 菌丝提高了氨单加氧酶基因的丰度。

表 6-6 氨单加氧酶基因的相关细菌属

	CK 处理	NFM 处理	FM 处理
amoA	—	*Solimonas*(4) *Nitrospira*(1)	*Streptomyces*(1) *Nitrospira*(1)
amoB	*Nitrospira*(1)	*Solimonas*(1) *Nitrospira*(1)	—
amoC	—	*Solimonas*(1)	*Nitrospira*(1)

6.4 讨论

6.4.1 *F. mosseae* 菌丝对根际细菌群落的影响

在本书中,*F. mosseae* 菌丝提高阿特拉津胁迫下细菌群落门水平 Proteobacteria 相对丰度是通过降低 Actinobacteria 相对丰度实现的。在镉胁迫下,*F. mosseae* 降低了 Proteobacteria 的相对丰度,对 Actinobacteria 相对丰度影响不显著,这可能由于宿主植物和胁迫因子不同。在属水平上,*F. mosseae* 菌丝显著提高了 *Novosphingobium*、*Sphingomonas*、*Flavisolibacter*、*Ramlibacter* 和 *Hassallia* 的相对丰度,其中 *Sphingomonas* 的相对丰度最高。细菌属 *Novosphingobium* 和 *Sphingomonas* 曾多次从阿特拉津污染样品中分离获得并且具有阿特拉津降解基因。

F. mosseae 菌丝增加了 *Bradyrhizobium*、*Novosphingobium*、*Mesorhizobium*、*Sphingomonas* 和 *Pseudolabrys* 在接种处理中的相对丰度,这些细菌属在本书中均注释到阿特拉津降解基因,如 *Bradyrhizobium* 和 *Sphingomonas* 具有 *atzE*,*Novosphingobium* 和 *Pseudolabrys* 具有 *atzF*,同时也进一步使得 NFM 处理中 *Bradyrhizobium* 中 *atzE* 数量大于 FM 处理。研究人员认为,丛枝菌根真菌不是通

过菌丝量，而是菌丝分泌物组分对细菌群落的组成和增殖起到决定性作用的，*F. mosseae* 分泌物一方面可能是降解基因表达的诱导因子，另一方面可能有益于具备降解能力的细菌种群发展。

此外，细菌属 *Massilia*、*Sphingomonas*、*Microbacterium* 和 *Rhodoplanes* 等，虽然很少有报道称这些细菌属经分离纯培养后具有彻底矿化阿特拉津的能力，但这些细菌属经常作为阿特拉津降解细菌联合体的主要组成，如 *Sphingomonas*、*Microbacterium* 和 *Massilia* 是生物膜反应器上阿特拉津的主要降解者。*Sphingomonas*、*Novosphingobium* 也是阿特拉津污染土壤中细菌群落的优势土著分解者。但 *F. mosseae* 菌丝对细菌属 *Rhodoplanes* 和 *Arthrobacter* 的相对丰度没有显著影响，这可能与施加阿特拉津相关，如反复施加阿特拉津 3 次以后，土壤中 *Arthrobacter* 的相对丰度提高了 9.6% ~38.3%。*Rhodoplanes* 也同样在阿特拉津污染土壤中高频出现，*Eisenia foetida* 可将 *Rhodoplanes* 的相对丰度由 1.68% 提高至 2.89%。*Rhodoplanes* 曾被报道是多环芳烃和酚类等物质的降解者，也可在多氯联苯污染土壤中对多氯联苯进行脱氯反应。另外，*Rhodoplanes* 在施加除草剂使它隆的土壤中也占有较高的比例，为 0.6% ~1.3%。这也与本书的研究结果一致。CK、NFM 和 FM 处理均施加了阿特拉津，*Rhodoplanes* 在 3 个处理中的变化不大。细菌属 *Massilia* 在接种处理中的相对丰度均大于 CK 处理，同时 *Massilia* 因具有 *atzB*、*atzC* 和 *atzF* 降解基因对三嗪类除草剂西玛津也具有降解能力，其对石油、菲污染的降解作用也有相关报道。

6.4.2 *F. mosseae* 菌丝对细菌群落阿特拉津降解基因的影响

虽然已经分离出大量高降解能力的纯培养细菌菌株，但在自然环境下，阿特拉津降解细菌群落相较单株降解细菌菌株普遍存在。此外，对于不同细菌菌株在纯培养条件下的降解基因已经进行了广泛研究，但对于群落的降解途径和基因的相关信息则获得较少。在阿特拉津降解细菌群落中曾发现了多种基因组合。在本书中，阿特拉津降解基因组合是 *atzB*/*atzC*/*atzD*/*atzE*/*atzF*，未发现脱氯水解酶基因，与此同时，脲基甲酸酯也同样彻底矿化为氨气和二氧化碳。

Nikolina 等人对阿特拉津农药厂区土壤进行降解细菌群落研究后发现，阿特拉津在未打开三嗪环的前半部分代谢过程主要依靠细菌属 *Arthrobacter*，且该属均具有 *trzN*，以及 *atzB*/*atzC* 组合或仅有 *atzC*。Zablotowicz 等人对密西西比三角洲土壤中阿特拉津降解基因进行扩增，未检测到编码脱氯水解酶基因。与二者的研究结果相比较，本书中的细菌属*Arthrobacter*具备 *atzB*/*atzC*/*atzD*组合，可打开三嗪环代谢为双缩脉，但同样也未发现编码脱氯水解酶基因。

此外，阿特拉津代谢途径产生的水解侧链等中间产物也可以参与微生物群落的其他降解途径。阿特拉津侧链水解释放的乙醇胺和异丙胺均可以被许多微生物群落利用，也就是说协同途径和中间产物协同代谢是利用微生物群落去除土壤阿特拉津的关键问题。但现有研究大多关注阿特拉津三嗪环代谢途径，本书还对阿特拉津侧链代谢(乙醇胺→乙醛)途径中降解基因及相关细菌进行了研究。Smith 等人以乙醇胺作为唯一碳源，分离到了可培养细菌 *Rhizobium leguminosarum*、*Flavobacterium* sp. 和 *Arthrobacter* sp.，这 3 株细菌均具有 *atzB* 和 *atzC*。在本书中，细菌群落中 *Rhodoplanes* 具有阿特拉津侧链降解基因 *eutA*、*eutB* 和 *eutC* 并在 3 个处理中高频出现，同时 *Rhodoplanes* 也具有阿特拉津三嗪环降解基因 *atzD*、*atzE* 和 *atzF*，细菌属 *Streptomyces*、*Massilia* 同时具备 *eutB*、*eutC* 和 *atzF*，细菌属 *Bradyrhizobium* 同时具备 *eutB*、*eutC* 和 *atzE*。由此可见，本书中降解基因在土壤细菌群落中不同菌属之间的分配验证了这些基因具有较强的移动性，且随着时间的增加可能会产生各种阿特拉津降解联合体。

6.4.3 *F. mosseae* 菌丝对参与细菌群落氮素循环基因的影响

随着阿特拉津三嗪环降解开环，脲基甲酸酯依次生成微生物、植物可直接利用的氮源，如尿素和氨态氮，在该过程中 *E*6. 3. 4. 6 和 *atzF* 丰度在 3 种处理中的变化趋势一致，即接种处理大于未接种处理，接种处理中 NFM 处理大于 FM 处理。同时也有研究表明，底物氮素水平可以影响土壤微生物群落对阿特拉津的降解效率，如 Guillén Garcés 等人发现，向培养基中添加 1 000 mg · L^{-1} KNO_3可使阿特拉津的矿化率从 90% 降至 20%。Abdelhafid 等人向土壤中添加无机氮 NH_4NO_3、$(NH_4)_2SO_4$、$Ca(NO_3)_2$和有机氮双缩脲后发现，无机氮抑制了阿特拉津三嗪环的降解，双缩脲是阿特拉津的中间代谢产物，也抑制了阿特拉津的矿化。此外，有大量报道表明，丛枝菌根真菌由于不具备代谢氮素的胞外酶以及自身的碳氮比较低，而从土壤中直接有效地摄取氨态氮、硝态氮、氨基酸等满足自身的氮素营养需求，且对尿素和硝态氮的吸收效率远高于其他氮素形式，因此接种丛枝菌根真菌可以显著提高氮素在宿主植物根部的累积，特别是丛枝菌根真菌根外菌丝，不仅扩大了与土壤的接触面积，也帮助植物吸收硝态氮、氨态氮和一些氨基酸，在将其转移给植物的同时，也在菌丝体内进行大量储备。在本书中的接种处理，*E*6. 3. 4. 6 和 *atzF* 丰度增加的原因可能是接种 *F. mosseae* 增强了 *M. sativa* 对土壤速效氮吸收效率，从而避免了阿特拉津代谢产物累积而反馈抑制细菌群落的矿化效率。与 NFM 处理相比，FM 处理中的 *E*6. 3. 4. 6 和 *atzF* 丰度出现降低现象，这可能是由于 *F. mosseae* 菌丝对速效氮的大量储备而导致微生物群落氮源底物的匮乏。

6.5 本章小结

接种 *F. mosseae* 的 FM 和 NFM 处理中的细菌群落在门水平上较为相似。在属水平，相对丰度位于前十位的依次为 *Sphingomonas*、*Streptomyces*、*Nocardioides*、*Pseudolabrys*、*Gemmatirosa*、*Rhodoplanes*、*Bradyrhizobium*、*Mesorhizobium*、*Marmoricola* 和 *Devosia*。另外，*F. mosseae* 菌丝增加了阿特拉津降解细菌 *Bradyrhizobium*、*Novosphingobium*、*Mesorhizobium*、*Sphingomonas* 和 *Pseudolabrys* 的相对丰度，在研究中注释到 *Bradyrhizobium* 和 *Sphingomonas* 有 *atzE*，*Novosphingobium* 和 *Pseudolabrys* 有 *atzF*，同时也进一步使得 NFM 处理中 *Bradyrhizobium* 中 *atzE* 数量大于 FM 处理。在本书中，阿特拉津三嗪环降解基因组合是 *atzB*/*atzC*/*atzD*/*atzE*/*atzF* 以及 *E*6. 3. 4. 6、*ureA*/*ureB*/*ureAB*/*ureC*，其中 *F. mosseae* 菌丝增加了 *atzF* 和 *E*6. 3. 4. 6 丰度。阿特拉津侧链降解基因组合为 *eutA*/

eutB/*eutC*,细菌属 *Rhodoplanes* 具有丰富的 *eutA*、*eutB*、*eutC* 基因。此外,阿特拉津降解基因也进一步验证了阿特拉津降解细菌参与了丛枝菌根去除阿特拉津的过程。

7
结论

7.1 主要结论

本书利用盆栽试验建立 *F. mosseae* 与 *M. sativa* 共生体系后,施加阿特拉津进行胁迫,揭示了 *F. mosseae* – *M. sativa* 共生体对阿特拉津的胁迫响应机制,主要结论如下:

(1)*F. mosseae* – *M. sativa* 共生体缓解了阿特拉津对叶绿体功能和结构的毒性,保护了宿主植物 *M. sativa* 光系统反应中心。

(2)*F. mosseae* – *M. sativa* 共生体提高了根系中氨基酸、二肽以及黄酮类化合物等非酶类抗氧化剂的代谢水平,增强了宿主植物 *M. sativa* 根系抗氧化能力,提高了根系部分代谢产物水平。

(3)*F. mosseae* – *M. sativa* 共生体根系外泌的特异性组分为正辛酸,该组分对细菌具有生物活性,可能对根际细菌群落产生影响。

(4)*F. mosseae* – *M. sativa* 共生体降低了根际细菌群落多样性指数,提高了阿特拉津潜在降解细菌 *Arthrobacter*、*Burkholderia*、*Mycobacterium* 和 *Streptomyces* 的相对丰度,并增强了土壤脱氢酶、脲酶、酸性磷酸酶和碱性磷酸酶活性。

(5)本书中阿特拉津三嗪环降解基因组合是 *atzB*/*atzC*/*atzD*/*atzE*/*atzF* 以及 E6. 3. 4. 6、*ureA*/*ureB*/*ureAB*/*ureC*。阿特拉津侧链降解基因组合为 *eutA*/*eutB*/*eutC*。进一步验证了阿特拉津降解细菌参与丛枝菌根去除阿特拉津过程。

本书研究结果将进一步丰富和完善丛枝菌根真菌对阿特拉津污染土壤修复的理论依据,也为利用丛枝菌根真菌修复其他污染类型土壤提供科学佐证。

7.2 创新之处

丛枝菌根真菌显著提高宿主植物对阿特拉津污染土壤的修复效果,但关于丛枝菌根真菌与宿主植物共生体对阿特拉津去除过程中的响应机制所知有限。本书从宿主植物、根系分泌物和根际细菌群落等方面进行研究，为进一步明确丛枝菌根真菌去除阿特拉津机制奠定了理论基础和科学依据。此外，本书在以下几方面具有创新之处。

7.2.1 试验材料——宿主植物的选择

首先，*M. sativa* 是一种豆科多年生草本植物，能够与丛枝菌根真菌形成良好的共生关系。其次，*M. sativa* 也是除草剂阿特拉津作用的靶标植物，其体内不具有谷胱甘肽转移酶，不能进行脱毒代谢，因此对阿特拉津毒性表现敏感，且在应用种植中经常与玉米轮作而受到阿特拉津的药害。在以往研究中，丛枝菌根真菌的宿主植物大多选取玉米、高粱等能进行脱毒代谢的作物。本书选取 *M. sativa* 作为宿主植物，排除了宿主植物对阿特拉津的脱毒代谢，充分明晰了丛枝菌根真菌 *F. mosseae* 对提高宿主植物应对阿特拉津胁迫的贡献。

7.2.2 试验方法——非靶向代谢组学

根系是最先接触污染物的“先锋区”和响应胁迫因子的“敏感区”，以往研究大多集中在根系抗氧化酶系活性与黄酮类化合物等某一类代谢产物水平进行研究。本书利用非靶向代谢组学技术，充分展示了丛枝菌根真菌 *F. mosseae* 对阿特拉津胁迫下根系代谢水平上的整体影响情况，发现了不同差异代谢产物种类的存在形式，以及其提高根系非酶类抗氧化剂代谢水平，丰富了丛枝菌根真菌对胁迫下宿主植物根系代谢水平作用机理的科学佐证。

7.2.3 试验方法——分根试验

丛枝菌根真菌具有不能纯培养，与植物根系共生后才能完成其生活史的特点。以往关于菌根际的研究中，菌根际效应大多都是宿主植物根系和丛枝菌根真菌菌丝共同作用的结果。本书利用分根试验，将接种处理中的丛枝菌根根系效应与菌丝效应分开，明确了丛枝菌根真菌菌丝对根际微生物群落及阿特拉津降解相关基因的影响。

7.2.4 试验内容——根际细菌群落变化

利用丛枝菌根真菌修复阿特拉津污染土壤的过程中，对丛枝菌根共生体的生理指标、阿特拉津残留量与形式、土壤微生物数量、细菌与放线菌比例、代谢活力等均已有相关研究，对根际微域环境中的细菌群落，特别是阿特拉津降解细菌群落及其相关降解基因鲜有报道。本书揭示了丛枝菌根真菌去除土壤阿特拉津的细菌驱动机制，完善了丛枝菌根真菌修复其他有机物污染土壤的理论基础。

7.3 展望

(1)从蛋白质水平揭示丛枝菌根真菌缓解阿特拉津对 *M. sativa* 光合毒性的作用机理。本书构建了在接种 *F. mosseae* 和阿特拉津胁迫下叶片的蛋白质表达谱，接下来可以在此基础上通过 iTRAQ 和 DIA 技术进一步从蛋白质水平揭示 *F. mosseae* 引起叶绿体嗜锇颗粒和基粒垛叠响应的机制。

(2)验证丛枝菌根真菌特异分泌物对根际微生物群落的影响。本书在水培条件下发现丛枝菌根真菌特异分泌物正辛酸，后续还需要在土培条件下，通过生物添加方法来进一步验证正辛酸与根际细菌群落结构、功能的耦合关系。

参考文献

参考文献

[1]万年升，顾继东，段舜山. 阿特拉津生态毒性与生物降解的研究[J]. 环境科学学报，2006，26(4)：552－560.

[2]Hess F D. Light－dependent herbicides：an overview[J]. Weed Science，2000，48(2)：160－170.

[3]QIAN HAIFENG，Tsuji T，Endo T，et al. PGR5 and NDH pathways in photosynthetic cyclic electron transfer respond differently to sublethal treatment with photosystem－interfering herbicides[J]. Journal of Agricultural and Food Chemistry，2014，62(18)：4083－4089.

[4]Rutherford A W，Krieger－Liszkay A. Herbicide－induced oxidative stress in Photosystem Ⅱ[J]. Trends in Biochemical Science，2001，26(11)：648－653.

[5]毛萌，任理. 除草剂莠去津在实验室和农田尺度土壤中运移模拟的主要研究进展[J]. 水利学报，2010，41(11)：1295－1303.

[6]Gfrerer M，Martens D，Gawlik B M，et al. Triazines in the aquatic systems of the Eastern Chinese Rivers Liao－He and Yangtse[J]. Chemosphere，2002，47(4)：455－466.

[7]Bohn T，Cocco E，Gourdol L，et al. Determination of atrazine and degradation products in Luxembourgish drinking water：origin and fate of potential endocrine－disrupting pesticides[J]. Food Additives and Contaminants－Part A Chemistry，Analysis，Control，Exposure and Risk Assessment，2011，28(8)：1041－1054.

[8]FAN XUXIAO，SONG FUQIANG. Bioremediation of atrazine：recent advances and promises[J]. Journal of Soils & Sediments，2014，14(10)：1727－1737.

[9]WANG QINGHAI，ZHANG WEI，LI CUI，et al. Phytoremediation of atrazine by three emergent hydrophytes in a hydroponic system[J]. Water Science &

Technology, 2012, 66(6):1282 -1288.

[10]李明锐, 祖艳群, 陈建军, 等. 阿特拉津降解菌 FM326(*Arthrobacter* sp.)的分离筛选、鉴定和生物学特性[J]. 农业环境科学学报, 2011, 30(11): 2242 -2248.

[11]ZHANG YING, CAO BO, JIANG ZHAO, et al. Metabolic ability and individual characteristics of an atrazine - degrading consortium DNC5[J]. Journal of Hazardous Materials, 2012, 237 -238(17): 376 -381.

[12]DU JUAN, ZHANG YING, MA YUEXUAN, et al. Simulation study of atrazine - contaminated soil biodegradation by strain W16[J]. Procedia Environmental Sciences, 2011, 11(1): 1488 -1492.

[13]Smith D, Alvey S, Crowley D E. Cooperative catabolic pathways within an atrazine - degrading enrichment culture isolated from soil [J]. Fems Microbiology Ecology, 2005, 53(2): 265 -275.

[14]MA LIMIN, CHENG SONGSONG, YUAN JING, et al. Rapid biodegradation of atrazine by *Ensifer* sp. strain and its degradation genes[J]. International Biodeterioration & Biodegradation, 2017, 116: 133 -140.

[15]FANG HUA, LIAN JIANJUN, WANG HUIFANG, et al. Exploring bacterial community structure and function associated with atrazine biodegradation in repeatedly treated soils[J]. Journal of Hazardous Materials, 2015, 286(11): 457 -465.

[16]QU MENGJIE, LI NA, LI HUIDONG, et al. Phytoextraction and biodegradation of atrazine by *Myriophyllum spicatum* and evaluation of bacterial communities involved in atrazine degradation in lake sediment[J]. Chemosphere, 2018, 209: 439 -448.

[17]Tortella G R, Mella - Herrera R A, Sousa D Z, et al. Atrazine dissipation and its impact on the microbial communities and community level physiologi-

cal profiles in a microcosm simulating the biomixture of on – farm biopurification system[J]. Journal of Hazardous Materials, 2013, 260(6): 459 –467.

[18] Ros M, Goberna M, Moreno J L, et al. Molecular and physiological bacterial diversity of a semi – arid soil contaminated with different levels of formulated atrazine[J]. Applied Soil Ecology, 2006, 34(2 –3): 93 –102.

[19] 贺学礼，杨静，赵丽莉. 荒漠沙柳根围 AM 真菌的空间分布[J]. 生态学报，2011，31(8)：2159 –2168.

[20] Spatafora J W, Chang Y, Benny G L, et al. A phylum – level phylogenetic classification of zygomycete fungi based on genome – scale data[J]. Mycologia, 2016, 108(5): 1028 –1046.

[21] CHANG WEI, SUI XIN, FAN XIAOXU, et al. Arbuscular mycorrhizal symbiosis modulates antioxidant response and ion distribution in salt – stressed *Elaeagnus angustifolia* seedlings [J]. Frontiers in Microbiology, 2018, 9: 652.

[22] 李秋玲，凌婉婷，高彦征，等. 丛枝菌根对有机污染土壤的修复作用及机理[J]. 应用生态学报，2006，17(11)：2217 –2221.

[23] 范晓旭，邹佳迅，梁冰冰，等. 丛枝菌根根际细菌群落对阿特拉津胁迫的影响[J]. 环境科学学报，2018，38(2)：814 –820.

[24] HUANG HONGLIN, ZHANG SHUZHEN, SHAN XIAOQUAN, et al. Effect of arbuscular mycorrhizal fungus (*Glomus caledonium*) on the accumulation and metabolism of atrazine in maize (*Zea mays* L.) and atrazine dissipation in soil[J]. Environmental Pollution, 2007, 146(2): 452 –457.

[25] HUANG HONGLIN, ZHANG SHUZHEN, WU NAIYING, et al. Influence of *Glomus etunicatum/Zea mays* mycorrhiza on atrazine degradation, soil phosphatase and dehydrogenase activities, and soil microbial community structure[J]. Soil Biology & Biochemistry, 2009, 41(4): 726 –734.

[26]宋福强，丁明玲，董爱荣，等. 丛枝菌根(AM)真菌对土壤中阿特拉津降解的影响[J]. 水土保持学报，2010，24(3)：189－193.

[27]宋福强，范晓旭，常伟，等. 苜蓿菌根对土壤中阿特拉津降解及酶活性影响[J]. 中国农学通报，2016，32(30)：182－187.

[28]张立全，张凤英，哈斯阿古拉. 紫花苜蓿耐盐性研究进展[J]. 草业学报，2012，21(6)：296－305.

[29]刘欢，姚拓，刘婷，等. 不同丛枝菌根真菌对苜蓿生长的影响[J]. 草原与草坪，2017，37(4)：61－67，73.

[30]蒙程，郭艳娥，李应德，等. 3种AM真菌对紫花苜蓿生长和养分吸收的影响[J]. 草原与草坪，2018，38(2)：68－72.

[31]胡振琪，纪晶晶，王幼珊，等. AM真菌对复垦土壤中苜蓿养分吸收的影响[J]. 中国矿业大学学报，2009，38(3)：428－432，449.

[32]任爱天，鲁为华，马春晖，等. 接种AM真菌对紫花苜蓿抗旱性的影响[J]. 新疆农业科学，2014，51(9)：1677－1685.

[33]王娜，陈飞，岳英男，等. 松嫩盐碱草地2种优势丛枝菌根真菌对紫花苜蓿耐盐性的影响[J]. 江苏农业科学，2017，45(24)：146－148.

[34]Ashrafi E, Zahedi M, Razmjoo J. Co－inoculations of arbuscular mycorrhizal fungi and rhizobia under salinity in alfalfa[J]. Soil Science & Plant Nutrition, 2014, 60(5): 619－629.

[35]张永志，高文俊，郭艳妮，等. 丛枝菌根真菌对NaCl胁迫下紫花苜蓿的生理指标及光合参数的影响[J]. 草原与草坪，2018，38(4)：26－34.

[36]陆爽，郭欢，王绍明，等. 盐胁迫下AM真菌对紫花苜蓿生长及生理特征的影响[J]. 水土保持学报，2011，25(2)：227－231.

[37]叶佳舒，李涛，胡亚军，等. 干旱条件下AM真菌对植物生长和土壤水稳定性团聚体的影响[J]. 生态学报，2013，33(4)：1080－1090.

[38]Goicoechea N, Baslam M, Erice G, et al. Increased photosynthetic acclima-

tion in alfalfa associated with arbuscular mycorrhizal fungi (AMF) and cultivated in greenhouse under elevated CO_2 [J]. Journal of Plant Physiology, 2014, 171(18): 1774 - 1781.

[39] YANG YURONG, SONG YINGYING, Scheller H V, et al. Community structure of arbuscular mycorrhizal fungi associated with *Robinia pseudoacacia* in uncontaminated and heavy metal contaminated soils[J]. Soil Biology and Biochemistry, 2015, 86: 146 - 158.

[40] 王楚栋，单明娟，陆扣萍，等. 丛枝菌根真菌及猪炭对多氯联苯污染土壤的联合修复作用[J]. 环境科学学报，2018，38(10)：4157 - 4164.

[41] Rajtor M, Piotrowska - Seget Z. Prospects for arbuscular mycorrhizal fungi (AMF) to assist in phytoremediation of soil hydrocarbon contaminants[J]. Chemosphere, 2016, 162: 105 - 116.

[42] GAO YANZHENG, ZONG JIONG, QUE HONG, et al. Inoculation with arbuscular mycorrhizal fungi increases glomalin - related soil protein content and PAH removal in soils planted with *Medicago sativa* L. [J]. Soil Biology & Biochemistry, 2017, 115: 148 - 151.

[43] FAN XIAOXU, CHANG WEI, FENG FUJUAN, et al. Responses of photosynthesis - related parameters and chloroplast ultrastructure to atrazine in alfalfa (*Medicago sativa* L.) inoculated with arbuscular mycorrhizal fungi[J]. Ecotoxicology and Environmental Safety, 2018, 166:102 - 108.

[44] Alberto D, Serra A, Sulmon C, et al. Herbicide - related signaling in plants reveals novel insights for herbicide use strategies, environmental risk assessment and global change assessment challenges[J]. Science of the Total Environment, 2016, 569 - 570: 1618 - 1628.

[45] Laviale M, Morin S, Créach A. Short term recovery of periphyton photosynthesis after pulse exposition to the photosystem Ⅱ inhibitors atrazine and iso-

proturon[J]. Chemosphere, 2011, 84(5): 731 - 734.

[46] LU YANFEI, LU MANG. Remediation of PAH - contaminated soil by the combination of tall fescue, arbuscular mycorrhizal fungus and epigeic earthworms[J]. Journal of Hazardous Materials, 2014, 285: 535 - 541.

[47] SONG FUQIANG, LI JIZE, FAN XIAOXU, et al. Transcriptome analysis of *Glomus mosseae/Medicago sativa* mycorrhiza on atrazine stress[J]. Scientific Reports, 2016, 6: 1 - 11.

[48] Mcgonigle T P, Miller M H, Evans D G, et al. A new method which gives an objective measure of colonization of roots by vesicular - arbuscular mycorrhizal fungi[J]. New Phytologist, 1990, 115(3): 495 - 501.

[49] Murchie E H, Lawson T. Chlorophyll fluorescence analysis: a guide to good practice and understanding some new applications[J]. Journal of Experimental Botany, 2013, 64(13): 3983 - 3998.

[50] Lichtenthaler H K, Wellburn A R. Determination of total carotenoids and chlorophylls a and b of leaf extracts in different solvents[J]. Biochem Soc T, 1983, 11(5): 591 - 592.

[51] Evelin H, Giri B, Kapoor R. Ultrastructural evidence for AMF mediated salt stress mitigation in *Trigonella foenum - graecum*[J]. Mycorrhiza, 2013, 23(1): 71 - 86.

[52] Druille M, Omacini M, Golluscio R A, et al. Arbuscular mycorrhizal fungi are directly and indirectly affected by glyphosate application[J]. Applied Soil Ecology, 2013, 72: 143 - 149.

[53] Pasaribu A, Mohamad R B, Awang Y, et al. Growth and development of symbiotic *Arbuscular mycorrhizal* fungi, *Glomus mossea* (Nicol. and Gerd.), in alachlor and glyphosate treated soils[J]. African Journal of Biotechnology, 2011, 55(10): 11520 - 11526.

[54] Baslam M, Erice G, Goicoechea N. Impact of arbuscular mycorrhizal fungi (AMF) and atmospheric CO_2 concentration on the biomass production and partitioning in the forage legume alfalfa[J]. Symbiosis, 2012, 58(1-3): 171-181.

[55] Goicoechea N, Antolín M C, Sánchez-Díaz M. Gas exchange is related to the hormone balance in mycorrhizal or nitrogen-fixing alfalfa subjected to drought[J]. Physiolgia Plantarum, 1997, 100(4): 989-997.

[56] Campanelli A, Ruta C, Mastro G D, et al. The role of arbuscular mycorrhizal fungi in alleviating salt stress in *Medicago sativa* L. var. icon[J]. Symbiosis, 2013, 59(2): 65-76.

[57] Boldt K, Pörs Y, Haupt B, et al. Photochemical processes, carbon assimilation and RNA accumulation of sucrose transporter genes in tomato arbuscular mycorrhiza[J]. Journal of Plant Physiology, 2011, 168(11): 1256-1263.

[58] Latef A A H A, HE CHAOXING. Effect of arbuscular mycorrhizal fungi on growth, mineral nutrition, antioxidant enzymes activity and fruit yield of tomato grown under salinity stress[J]. Scientia Horticulture, 2011, 127(3): 228-233.

[59] Zhu X Q, Wang C Y, Chen H, et al. Effects of arbuscular mycorrhizal fungi on photosynthesis, carbon content, and calorific value of black locust seedlings[J]. Photosynthetica, 2014, 52(2): 247-252.

[60] Esperanza M, Seoane M, Rioboo C, et al. Early alterations on photosynthesis-related parameters in *Chlamydomonas reinhardtii* cells exposed to atrazine: a multiple approach study[J]. Science of the Total Environment, 2016, 554-555: 237-245.

[61] BAI XIAOCUI, SUN CHONGCHONG, XIE JUN, et al. Effects of atrazine on photosynthesis and defense response and the underlying mechanisms in

Phaeodactylum tricornutum [J]. Environmental Science & Pollution Research, 2015, 22(22): 17499 - 17507.

[62] Hajiboland R, Aliasgharzadeh N, Laiegh S F, et al. Colonization with arbuscular mycorrhizal fungi improves salinity tolerance of tomato (*Solanum lycopersicum* L.) plants[J]. Plant & Soil, 2010, 331(1 - 2): 313 - 327.

[63] Andrade S A L, Domingues A P, Mazzafera P. Photosynthesis is induced in rice plants that associate with arbuscular mycorrhizal fungi and are grown under arsenate and arsenite stress[J]. Chemosphere, 2015, 134: 141 - 149.

[64] Austin J R, Frost E, Vidi P A, et al. Plastoglobules are lipoprotein subcompartments of the chloroplast that are permanently coupled to thylakoid membranes and contain biosynthetic enzymes[J]. Plant Cell, 2006, 18(7): 1693 - 1703.

[65] Besagni C, Kessler F. A mechanism implicating plastoglobules in thylakoid disassembly during senescence and nitrogen starvation[J]. Planta, 2013, 237(2): 463 - 470.

[66] 杨超, 蔡柏岩. AM 真菌对连作作物根系代谢产物影响的研究进展[J]. 中国农学通报, 2018, 34 (14): 41 - 45.

[67] Baslam M, Garmendia I, Goicoechea N. Arbuscular mycorrhizal fungi (AMF) improved growth and nutritional quality of greenhouse - grown lettuce [J]. Journal of Agricultural & Food Chemistry, 2011, 59 (10): 5504 - 5515.

[68] López - Ráez J A, Victor F, García J M, et al. AM symbiosis alters phenolic acid content in tomato roots[J]. Plant Signaling & Behavior, 2010, 5(9): 1138 - 1140.

[69] 韩冰, 郭世荣, 贺超兴, 等. 丛枝菌根真菌对盐胁迫下黄瓜植株生长、果实产量和品质的影响[J]. 应用生态学报, 2012, 23(1): 154 - 158.

[70] CHEN SHUANGCHEN, JIN WENJUAN, LIU AIRONG, et al. Arbuscular mycorrhizal fungi (AMF) increase growth and secondary metabolism in cucumber subjected to low temperature stress [J]. Scientia Horticulturae, 2013, 160(3): 222 - 229.

[71] Gill S S, Tuteja N. Reactive oxygen species and antioxidant machinery in abiotic stress tolerance in crop plants [J]. Plant Physiology Biochemistry, 2010, 48(12): 909 - 930.

[72] LI XIUYING. Atrazine accumulation and toxic responses in maize *Zea mays* [J]. Journal of Environmental Sciences, 2012, 24(2): 203 - 208.

[73] JIANG ZHAO, MA BINGBING, Erinle K O, et al. Enzymatic antioxidant defense in resistant plant: *Pennisetum americanum* (L.) K. Schum during long - term atrazine exposure [J]. Pesticide Biochemistry & Physiology, 2016, 133: 59 - 66.

[74] DONG JING, WANG LI, MA FANG, et al. Effects of *Funnelliformis mosseae* inoculation on alleviating atrazine damage in *Canna indica* L. var. flava Roxb [J]. International Journal of Phytoremediation, 2016, 19 (1): 46 - 55.

[75] Gholami A, de Geyter N, Pollier J, et al. Natural product biosynthesis in *Medicago* species [J]. Natural Product Reports, 2014, 31(3): 356 - 380.

[76] Bottcher C, Chapman A, Fellermeier F, et al. The biosynthetic pathway of indole - 3 - carbaldehyde and indole - 3 - carboxylic acid derivatives in *Arabidopsis* [J]. Plant Physiology, 2014, 165(2): 841 - 853.

[77] Marcacci S, Raveton M, Ravanel P, et al. The possible role of hydroxylation in the detoxification of atrazine in mature vetiver (*Chrysopogon zizanioides* Nash) grown in hydroponics [J]. Zeitschrift für Naturforschung C, 2005, 60 (5 - 6): 427 - 434.

[78]Marcacci S, Raveton M, Ravanel P, et al. Conjugation of atrazine in vetiver (*Chrysopogon zizanioides* Nash) grown in hydroponics [J]. Environmental Experimental Botany, 2006, 56(2): 205 -215.

[79]Pedras M S C, Yaya E E, Glawischnig E. The phytoalexins from cultivated and wild crucifers: chemistry and biology [J]. Natural Product Reports, 2011, 28(8): 1381 -1405.

[80]Ahuja I, Kissen R, Bones A M. Phytoalexins in defense against pathogens [J]. Trends in Plant Science, 2012, 17(2): 73 -90.

[81]Hause B, Mrosk C, Isayenkov S, et al. Jasmonates in arbuscular mycorrhizal interactions[J]. Phytochemistry, 2007, 68(1): 101 -110.

[82]Tejeda - Sartorius M, Martínez de la Vega O, Délano - Frier J P. Jasmonic acid influences mycorrhizal colonization in tomato plants by modifying the expression of genes involved in carbohydrate partitioning[J]. Physiol Plantarum, 2008, 133(2): 339 -353.

[83]Wasternack C, Hause B. Jasmonates: biosynthesis, perception, signal transduction and action in plant stress response, growth and development. An update to the 2007 review in *Annals of Botany*[J]. Annals of Botany, 2013, 111: 1021-1058.

[84]Gaude N, Bortfeld S, Erban A, et al. Symbiosis dependent accumulation of primary metabolites in arbuscule - containing cells[J]. BMC Plant Biology, 2015, 15(1): 234 -242.

[85]ZHU XIANCAN, SONG FENGBIN, XU HONGWEN. Influence of arbuscular mycorrhiza on lipid peroxidation and antioxidant enzyme activity of maize plants under temperature stress[J]. Mycorrhiza, 2010, 20: 325 -332.

[86]Hill P W, Farrell M, Jones D L. Bigger may be better in soil N cycling: does rapid acquisition of small L - peptides by soil microbes dominate fluxes

of protein – derived N in soil? [J]. Soil Biology & Biochemistry, 2012, 48: 106 – 112.

[87] Apel K, Hirt H. Reactive oxygen species: metabolism, oxidative stress, and signal transduction [J]. Annual Review of Plant Biology, 2004, 55: 373 – 399.

[88] JIANG QING. Natural forms of vitamin E: metabolism, antioxidant, and anti – inflammatory activities and their role in disease prevention and therapy [J]. Free Radical Biology Medicine, 2014, 72: 76 – 90.

[89] Birringer M. Hormetics: dietary triggers of an adaptive stress response [J]. Pharmaceutical Research, 2011, 28(11): 2680 – 2694.

[90] Aziz A, Akram N A, Ashraf M. Influence of natural and synthetic vitamin C (ascorbic acid) on primary and secondary metabolites and associated metabolism in quinoa (*Chenopodium quinoa* Willd.) plants under water deficit regimes [J]. Plant Physiology and Biochemistry, 2018, 123: 192 – 203.

[91] YIN LINA, WANG SHIWEN, Wang S, et al. Overexpression of dehydroascorbate reductase, but not monodehydroascorbate reductase, confers tolerance to aluminum stress in transgenic tobacco [J]. Planta, 2010, 231(3): 609 – 621.

[92] Mechri B, Tekaya M, Cheheb H. Accumulation of flavonoids and phenolic compounds in olive tree roots in response to mycorrhizal colonization: a possible mechanism for regulation of defense molecules [J]. Journal of Plant Physiology, 2015, 185: 40 – 43.

[93] Mollavali M, Bolandnazar S A, Schwarz D, et al. Flavonol glucoside and antioxidant enzyme biosynthesis affected by mycorrhizal fungi in various cultivars of Onion (*Allium cepa* L.) [J]. Journal of Agricultural & Food Chemistry, 2015, 64(1): 71 – 77.

[94] Zubek S, Rola K, Szewczyk A, et al. Enhanced concentrations of elements and secondary metabolites in *Viola tricolor* L. induced by arbuscular mycorrhizal fungi[J]. Plant & Soil, 2015, 390(1-2): 129-142.

[95] Larose G, Chênevert R, Moutoglis P, et al. Flavonoid levels in roots of *Medicago sativa* are modulated by the developmental stage of the symbiosis and the root colonizing arbuscular mycorrhizal fungus[J]. Journal of Plant Physiology, 2002, 159(12): 1329-1339.

[96] Naoumkina M, Farag M A, Sumner L W, et al. Different mechanisms for phytoalexin induction by pathogen and wound signals in *Medicago truncatula* [J]. Proceedings of the National Academy of Sciences, 2007, 104(46): 17909-17915.

[97] Markham K R, Gould K S, Winefield C S, et al. Anthocyanic vacuolar inclusions - their nature and significance in flower colouration[J]. Phytochemistry, 2000, 55(4): 327-336.

[98] Agati G, Azzarello E, Pollastri S, et al. Flavonoids as antioxidants in plants: location and functional significance[J]. Plant Science, 2012, 196(3): 67-76.

[99] ZHANG LU, TU ZONGCAI XIE XING, et al. Antihyperglycemic, antioxidant activities of two *Acer palmatum* cultivars, and identification of pheno-lics profile by UPLC-QTOF-MS/MS: new natural sources of functional constituents[J]. Industrial Crops and Products, 2016, 89: 522-532.

[100] Kiprovski B, Malenčić D, Durič S, et al. Isoflavone content and antioxidant activity of soybean inoculated with plant-growth promoting rhizobacteria [J]. Journal of the Serbian Chemical Society, 2016, 81(11): 1239-1249.

[101] Devi R R, Arumughan C. Antiradical efficacy of phytochemical extracts

from defatted rice bran [J]. Food and Chemical Toxicology, 2007, 45 (10): 2014 - 2021.

[102] Freires I A, de Alencar S M, Rosalen P L. A pharmacological perspective on the use of Brazilian Red Propolis and its isolated compounds against human diseases [J]. European Journal of Medicinal Chemistry, 2016, 47 (14): 267 - 279.

[103] 樊利华, 周星梅, 吴淑兰, 等. 干旱胁迫对植物根际环境影响的研究进展[J]. 应用与环境生物学报, 2019, 25(5): 1244 - 1251.

[104] 成晴, 何沅洁, 蒋越, 等. 模拟干湿交替环境作用下狗牙根根系分泌物对消落带 Pb 的影响[J]. 水土保持学报, 2019, 33(1): 315 - 322.

[105] 罗晓蔓, 丁贵杰, 王艺. 菌根化马尾松苗木根际土壤浸提物有效成分及其对种子萌发的影响[J]. 林业科学, 2018, 54(8): 32 - 38.

[106] 干露. 不同微生物对作物根系分泌物的影响[D]. 湖北大学, 2017.

[107] Toljander J, Lindahl B, Paul L M, et al. Influence of arbuscular mycorrhizal mycelial exudates on soil bacterial growth and community structure[J]. FEMS Microbiology Ecology, 2007, 61(2): 295 - 304.

[108] Lioussanne L, Perreault F, Jolicoeur M, et al. The bacterial community of tomato rhizosphere is modified by inoculation with arbuscular mycorrhizal fungi but unaffected by soil enrichment with mycorrhizal root exudates or inoculation with *Phytophthora nicotianae* [J]. Soil Biology & Biochemistry, 2010, 42(3): 473 - 483.

[109] 张玉凤, 冯固, 李晓林. 丛枝菌根真菌对三叶草根系分泌的有机酸组分和含量的影响[J]. 生态学报, 2003, 23(1): 30 - 37.

[110] Montiel - Rozas M M, Madejón E, Madejón P. Effect of heavy metals and organic matter on root exudates (low molecular weight organic acids) of herbaceous species: an assessment in sand and soil conditions under different

levels of contamination [J]. Environmental Pollution, 2016, 216: 273 - 281.

[111]韩丽梅，鞠会艳，杨振明. 两种基因型大豆根分泌物对大豆根腐病菌的化感作用[J]. 应用生态学报，2005，16(1)：137 - 141.

[112]Lakshmanan V, Kitto S L, Caplan J L, et al. Microbe - associated molecular patterns - triggered root responses mediate beneficial rhizobacterial recruitment in *Arabidopsis* [J]. Plant Physiology, 2012, 160 (3): 1642 - 1661.

[113]Coskun D, Britto D T, SHI WEIMING, et al. How plant root exudates shape the nitrogen cycle [J]. Trends in Plant Science, 2017, 22(8): 661 - 673.

[114]JIANG YINA, WANG WANXIAO, XIE QIUJIN, et al. Plants transfer lipids to sustain colonization by mutualistic mycorrhizal and parasitic fungi [J]. Science, 2017, 356(6343): 1172 - 1175.

[115]MA LI, ZHENG SHUAICHAO, ZHANG TIKUN, et al. Effect of nicotine from tobacco root exudates on chemotaxis, growth, biocontrol efficiency, and colonization by *Pseudomonas aeruginosa* NXHG29 [J]. Antonie Van Leeuwenhoek, 2018, 111(7): 1237 - 1257.

[116]HOU YUNYUN, LIU XIAOYAN, ZHANG XINYING, et al. Identification of *Scirpus triqueter* root exudates and the effects of organic acids on desorption and bioavailability of pyrene and lead in co - contaminated wetland soils [J]. Environmental Science & Pollution Research International, 2015, 22(22): 17780 - 17788.

[117]Nuccio E E, Angela H, Jennifer P R, et al. An arbuscular mycorrhizal fungus significantly modifies the soil bacterial community and nitrogen cycling during litter decomposition [J]. Environmental Microbiology, 2013, 15

(6): 1870 -1881.

[118] CAO JIA, WANG CHONG, DOU ZHENGXIA, et al. Hyphospheric impacts of earthworms and arbuscular mycorrhizal fungus on soil bacterial community to promote oxytetracycline degradation[J]. Journal of Hazardous Materials, 2018, 341: 346 -354.

[119] 张智猛，慈敦伟，张冠初，等. 山东地区盐碱土花生种子际土壤微生物群落结构的研究[J]. 微生物学报，2017，57(4)：582 -596.

[120] Buettner C, Noll M. Differences in microbial key players in anaerobic degradation between biogas and sewage treatment plants[J]. International Biodeterioration & Biodegradation, 2018, 133: 124 -132.

[121] Magoč T, Salzberg S L. FLASH: fast length adjustment of short reads to improve genome assemblies[J]. Bioinformatics, 2011, 27(21): 2957 -2963.

[122] Caporaso J, Kuczynski J, Stombaugh J, et al. QIIME allows analysis of high - throughput community sequencing data[J]. Nature Methods, 2010, 7: 335 -336.

[123] Braak C J F T. Canonical correspondence analysis: a new eigenvector technique for multivariate direct gradient analysis[J]. Ecology, 1986, 67(5): 1167 -1179.

[124] 关松荫，等. 土壤酶及其研究法[M]. 北京：农业出版社，1986.

[125] 喻文强，任宝琴，朱乐辉，等. 接种丛枝菌根真菌对诸葛菜生理指标和氮磷钙吸收的影响[J]. 环境科学研究，2018，31(4)：742 -749.

[126] 鲁如坤. 土壤农业化学分析方法[M]. 北京：中国农业科技出版社，2000.

[127] Albertsen A, Ravnskov S, Green H, et al. Interactions between the external mycelium of the mycorrhizal fungus *Glomus intraradices* and other soil

microorganisms as affected by organic matter[J]. Soil Biology & Biochemistry, 2006, 38(5): 1008 - 1014.

[128]宋福强, 丁明玲, 董爱荣, 等. 丛枝菌根(AM)真菌对土壤中阿特拉津降解的影响[J]. 水土保持学报, 2010, 24(3): 189 - 193.

[129]郭欢, 曾广萍, 刘红玲, 等. 丛枝菌根真菌对红花根围微生物多样性特征的影响[J]. 微生物学通报, 2013, 40(7): 1214 - 1224.

[130]Cavagnaro T R, Jackson L E, Six J, et al. Arbuscular mycorrhizas, microbial communities, nutrient availability, and soil aggregates in organic tomato production[J]. Plant & Soil, 2006, 282(1 - 2): 209 - 225.

[131]Andrade G, Mihara K L, Linderman R G, et al. Bacteria from rhizosphere and hyphosphere soils of different arbuscular - mycorrhizal fungi[J]. Plant & Soil, 1997, 192(1): 71 - 79.

[132]Marschner P, Baumann K. Changes in bacterial community structure induced by mycorrhizal colonisation in split - root maize[J]. Plant & Soil, 2003, 251(2): 279 - 289.

[133]Mechri B, Manga A G B, Tekaya M, et al. Changes in microbial communities and carbohydrate profiles induced by the mycorrhizal fungus (*Glomus intraradices*) in rhizosphere of olive trees (*Olea europaea* L.)[J]. Applied Soil Ecology, 2014, 75(8): 124 - 133.

[134]Rodríguez - Caballero G, Caravaca F, Fernández - González A J, et al. Arbuscular mycorrhizal fungi inoculation mediated changes in rhizosphere bacterial community structure while promoting revegetation in a semiarid ecosystem[J]. Science of the Total Environment, 2017, 584 - 585: 838 - 848.

[135]Dave S, Kristof V, Dirk R, et al. Effect of long - term herbicide applications on the bacterial community structure and function in an agricultural

soil[J]. FEMS Microbiology Ecology, 2003, 46(2): 139 - 146.

[136]QU MENGJIE, LI NA, LI HUIDONG, et al. Phytoextraction and biodegradation of atrazine by *Myriophyllum spicatum* and evaluation of bacterial communities involved in atrazine degradation in lake sediment[J]. Chemosphere, 2018, 209: 439 - 448.

[137]Udikovič - KoličN, Scott C, Martin - Laurent F. Evolution of atrazine - degrading capabilities in the environment[J]. Applied Microbiology Biotechnology, 2012, 96(5): 1175 - 1189.

[138]El Sebaï T, Devers - Lamrani M, Changey F, et al. Evidence of atrazine mineralization in a soil from the Nile Delta: isolation of *Arthrobacter* sp. TES6, an atrazine - degrading strain[J]. International Biodeterioration & Biodegradation, 2011, 65(8): 1249 - 1255.

[139]Martin - Laurent F, Barrès B, Wagschal I, et al. Impact of the maize rhizosphere on the genetic structure, the diversity and the atrazine - degrading gene composition of cultivable atrazine - degrading communities[J]. Plant & Soil, 2006, 282(1 - 2): 99 - 115.

[140]ZHANG YU, HU JUNLI, BAI JIANFENG, et al. Intercropping with sunflower and inoculation with arbuscular mycorrhizal fungi promotes growth of garlic chive in metal - contaminated soil at a WEEE - recycling site[J]. Ecotoxicology and Environmental Safety, 2019, 167(15): 376 - 384.

[141]WU QIANGSHENG, LI YAN, ZOU YINGNING, et al. Arbuscular mycorrhiza mediates glomalin - related soil protein production and soil enzyme activities in the rhizosphere of trifoliate orange grown under different P levels [J]. Mycorrhiza, 2015, 25(2): 121 - 130.

[142]LIANG YUEMING, HE XUNYANG, LIANG SHICHU, et al. Community structure analysis of soil ammonia oxidizers during vegetation restoration in

southwest China[J]. Journal of Basic Microbiology, 2014, 54(3): 180 - 189.

[143] Marion D, Najoi E A, Nikolina - Udikovic K, et al. Detection and organization of atrazine - degrading genetic potential of seventeen bacterial isolates belonging to divergent taxa indicate a recent common origin of their catabolic functions[J]. FEMS Microbiology Letters, 2007, 273(1): 78 - 86.

[144] XIE SHUGUANG, WAN RUI, WANG ZHAO, et al. Atrazine biodegradation by *Arthrobacter* strain DAT1: effect of glucose supplementation and change of the soil microbial community[J]. Environmental Science & Pollution Research, 2013, 20(6): 4078 - 4084.

[145] Nousiainen A O, Björklöf K, Sagarkar S, et al. Atrazine degradation in boreal nonagricultural subsoil and tropical agricultural soil[J]. Journal of Soils & Sediments, 2014, 14(6): 1179 - 1188.

[146] 马雪松, 王文波, 王延平, 等. 杨树人工林连作与轮作对土壤解磷微生物类群的影响[J]. 应用生态学报, 2016, 27(6): 1877 - 1885.

[147] Bjorn N H, Mathieu A, Agnieszka Sierakowska J, et al. Identification and assembly of genomes and genetic elements in complex metagenomic samples without using reference genomes[J]. Nature Biotechnology, 2014, 32(8): 822 - 828.

[148] FU LIMIN, NIU BEIFANG, ZHU ZHENGWEI, et al. CD - HIT: accelerated for clustering the next - generation sequencing data[J]. Bioinformatics, 2012, 28(23): 3150 - 3152.

[149] CHEN XUNWEN, WU LI, LUO NA, et al. Arbuscular mycorrhizal fungi and the associated bacterial community influence the uptake of cadmium in rice[J]. Geoderma, 2019, 337: 749 - 757.

[150] QIN HUA, Brookes P C, XU JIANMING, et al. Bacterial degradation of

Aroclor 1242 in the mycorrhizosphere soils of zucchini (*Cucurbita pepo* L.) inoculated with arbuscular mycorrhizal fungi[J]. Environmental Science & Pollution Research International, 2014, 21(22): 12790 - 12799.

[151] Macías - Flores A, Tafoya - Garnica A, Ruiz - Ordaz N, et al. Atrazine biodegradation by a bacterial community immobilized in two types of packed - bed biofilm reactors [J]. World Journal of Microbiology & Biotechnology, 2009, 25(12): 2195 - 2204.

[152] CHEN QINGLIN, YANG BAOSHAN, WANG HUI, et al. Soil microbial community toxic response to atrazine and its residues under atrazine and lead contamination [J]. Environmental Science & Pollution Research, 2015, 22(2): 996 - 1007.

[153] LIN ZHONG, ZHEN ZHEN, REN LEI, et al. Effects of two ecological earthworm species on atrazine degradation performance and bacterial community structure in red soil[J]. Chemosphere, 2018, 196: 467 - 475.

[154] WAN RUI, WANG ZHAO, XIE SHUGUANG. Dynamics of communities of bacteria and ammonia - oxidizing microorganisms in response to simazine attenuation in agricultural soil[J]. Science of the Total Environment, 2014, 472(25): 502 - 508.

[155] Zablotowicz R M, Weaver M A, Locke M A. Microbial adaptation for accelerated atrazine mineralization/degradation in Mississippi Delta soils [J]. Weed Science, 2006, 54(3): 538 - 547.

[156] Douglass J F, Radosevich M, Tuovinen O H. Biomineralization of atrazine and analysis of 16S rRNA and catabolic genes of atrazine degraders in a former pesticide mixing site and a machinery washing area[J]. Journal of Soils & Sediments, 2016, 16(9): 2263 - 2274.

[157] Smith D, Crowley D E. Contribution of ethylamine degrading bacteria to at-

razine degradation in soils[J]. FEMS Microbiology Ecology, 2006, 58(2): 271-277.

[158] Guillén Garcés R A, Hansen A M, Van A M. Mineralization of atrazine in agricultural soil: inhibition by nitrogen[J]. Environmental Toxicology & Chemistry, 2007, 26(5): 844-850.

[159] Abdelhafid R, Houot S, Barriuso E. Dependence of atrazine degradation on C and N availability in adapted and non-adapted soils[J]. Soil Biology & Biochemistry, 2000, 32(3): 389-401.